FORSCHUNGSERGEBNISSE
DES VERKEHRSWISSENSCHAFTLICHEN INSTITUTS FÜR LUFTFAHRT
AN DER TECHNISCHEN HOCHSCHULE STUTTGART
HERAUSGEGEBEN VON PROF. DR.-ING. CARL PIRATH
HEFT 9

KONJUNKTUR UND LUFTVERKEHR

von

Prof. Dr.-Ing. Carl Pirath

Mit 32 Abbildungen im Text

BERLIN 1935
VERKEHRSWISSENSCHAFTLICHE LEHRMITTELGESELLSCHAFT M.B.H.
BEI DER DEUTSCHEN REICHSBAHN

ALLE RECHTE,
EINSCHLIESSLICH DES ÜBERSETZUNGSRECHTES, VORBEHALTEN.
COPYRIGHT 1935 BY
VERKEHRSWISSENSCHAFTLICHE LEHRMITTELGESELLSCHAFT M.B.H.
BEI DER DEUTSCHEN REICHSBAHN
BERLIN W 9

Softcover reprint of the hardcover 1st edition 1935

ISBN-13:978-3-540-01207-8 e-ISBN-13:978-3-642-94545-8
DOI: 10.1007/978-3-642-94545-8

VERLAGSARCHIV 309

Vorwort

Seit nunmehr 10 Jahren ist der Luftverkehr als neues Verkehrsmittel im öffentlichen Verkehr zur Überwindung des Raumes in die Reihe der Hauptverkehrsträger zu Wasser und zu Lande eingeschaltet worden. In starkem Vorwärtsdrang hat er seine erste Entwicklungsperiode in wahrhaft königlichem Fortschritt dazu verwandt, sich in technischer Hinsicht vollwertig den übrigen Verkehrsmitteln zur Seite zu stellen und sich in verkehrswirtschaftlicher Hinsicht durch seine hohe Schnelligkeit in der Beförderung von Verkehrsgegenständen mit weitem Vorsprung an die Spitze zu setzen.

Das vorliegende Heft befaßt sich mit der Frage nach den Abhängigkeiten zwischen den Auf- und Abwärtsbewegungen des wirtschaftlichen Lebens oder den Konjunkturschwankungen und den Verkehrsbedürfnissen im Luftverkehr. Zwei Erscheinungen grundsätzlicher Art sind es, die die 10jährige Luftverkehrsperiode für die Behandlung dieser Frage besonders geeignet erscheinen lassen. Erstens fällt diese Periode in die Zeit stärkster wirtschaftlicher Schwankungen innerhalb der Volkswirtschaften und der Weltwirtschaft. Sie war daher erfüllt von dem ständig fließenden Problem, das die Abhängigkeit der Verkehrsbedürfnisse von der wirtschaftlichen Konjunktur zu klären versucht und das zum erstenmal für den Luftverkehr praktisch wurde. Die damit zusammenhängende Frage, ob der Luftverkehr krisenempfindlich ist oder nicht, berührt zweitens aufs stärkste die Bemühungen der Luftverkehrsgesellschaften, dem großen Ziel einer eigenen Wirtschaftlichkeit im Luftverkehr und einer Unabhängigkeit von Subventionen näherzukommen.

So ergeben sich für die vorliegenden Untersuchungen über den Luftverkehr im Spiegel der Wirtschaft die beiden Aufgaben, erstens den Abhängigkeiten der Verkehrsbedürfnisse im Luftverkehr von den Konjunkturschwankungen der Wirtschaft nachzugehen und zweitens, die Entwicklung der Sicherheit, Leistungsfähigkeit und vor allem der Wirtschaftlichkeit im Luftverkehr zur Zeit stärkster Schwankungen der Allgemeinwirtschaft zu verfolgen. Die Ergebnisse dieser Untersuchung sind für die Zukunft des Luftverkehrs von besonderer Bedeutung.

Die Absicht, eine derartige Rückschau und Ausschau im Luftverkehr durchzuführen, erscheint vielleicht bei der Jugend des Luftverkehrsmittels gewagt. Aber da das Institut seit nunmehr 6 Jahren in allen Ländern die Entwicklung verfolgt hat, so hat es einen Einblick in die Entwicklungserscheinungen gewonnen, aus dem sich die gebotene Vorsicht bei der Lösung der gestellten Aufgabe von selbst ergibt. Gleichzeitig erfüllt das Institut mit dieser Untersuchung die für die Verkehrswissenschaft späterer Zeit wichtige Aufgabe einer Festlegung der Entwicklungsmerkmale im Luftverkehr, die erlebt sein müssen, wenn sie zum lebendigen Ausdruck verflossener Zeiten werden sollen. Die gewaltigen und opferreichen Anstrengungen, die der Mensch als Einzelwesen und als Glied der menschlichen Gesellschaft zum Aufbau des Luftverkehrs unter den schwierigsten wirtschaftlichen Verhältnissen leisten mußte, verdienen im besonderen Maße, in einer geschlossenen Darstellung nach wissenschaftlichen Gesichtspunkten der Nachwelt erhalten zu werden.

Es ist mir noch eine angenehme Pflicht, den Assistenten des Instituts, Herrn Dipl.-Ing. Ulmerich, Dr. Zöllner, Rapp, Gerlach und Kress, für ihre wertvolle Mitarbeit bei der Verarbeitung des vielfach undurchsichtigen Materials zu danken. Dem Verlag gebührt bei der großen Zahl der Abbildungen und Tabellen Dank für seine vorbildliche Sorge um eine gute Ausstattung des Heftes.

Stuttgart, im September 1935   **Carl Pirath**

Inhaltsverzeichnis

Konjunktur und Luftverkehr

	Seite
I. Einführung	7
II. Das Bild der wirtschaftlichen Entwicklung in den Jahren 1927—1933	8
III. Die Verkehrswirtschaft in den Jahren 1927—1933	11
IV. Die technische, betriebliche und organisatorische Entwicklung des Luftverkehrs in den Jahren 1927—1933	16
1. Sicherheit	16
2. Leistungsfähigkeit	17
V. Die Verkehrsleistungen im Luftverkehr in den Jahren 1927—1933	31
VI. Die Wirtschaftlichkeit im Luftverkehr in den Jahren 1927—1933	46
VII. Schlußfolgerungen	54

Konjunktur und Luftverkehr

I. Einführung

Die Aufgabe, die Beziehungen zwischen der Konjunktur oder den Schwankungen im wirtschaftlichen Geschehen der Länder und der Welt und dem Luftverkehr zu untersuchen, erscheint vielleicht als ein Vorgreifen auf eine Struktur des Weltluftliniennetzes, das noch in keiner Weise geschlossen vorhanden und nur in einigen allerdings wichtigen Linien sich abzeichnet. Wir wissen, daß nach Lage der technischen Entwicklung der Luftverkehr heute noch in erster Linie der inneren Erschließung der Kontinente und erst in geringem Maße der Verbindung der Kontinente untereinander durch die großen Weltluftverkehrslinien dient. Und doch hat auch der Luftverkehr in seiner heutigen Gestalt bereits seit seinen ersten Anfängen seine wesentlichste Daseinsberechtigung aus den politischen, wirtschaftlichen und kulturellen Beziehungen von Land zu Land und von Kontinent zu Kontinent geschöpft. Diese Beziehungen waren im Gegensatz zu den Beziehungen gleicher Art innerhalb eines Landes oder in dem Gebiet einer Volkswirtschaft vor allem in Europa und in den Vereinigten Staaten von Amerika so raumweit, daß der Luftverkehr ihnen in erster Linie seinen Daseinswert zu verdanken hat.

Wollen wir daher den Luftverkehr in seiner Abhängigkeit vom wirtschaftlichen Geschehen untersuchen, so muß dieses erfaßt werden in der Zusammenarbeit der verschiedenen Volkswirtschaften, wie sie innerhalb eines Kontinents und in der gesamten Weltwirtschaft zum Ausdruck kommt. Naturgemäß ist hierbei die günstige oder ungünstige Lage der einzelnen Volkswirtschaften mitbestimmend. Aber es ist eine hier nicht näher zu untersuchende volkswirtschaftliche Wahrheit, daß alle wirtschaftsstarken Länder aufs engste mit ihrem wirtschaftlichen Tief- oder Hochstand miteinander verbunden sind und kein isoliertes Dasein zu führen vermögen. Weder sind vorwiegend industrielle Gebiete in der Lage, auf dem Innenmarkt genügend Absatz zu finden, noch können vorwiegend landwirtschaftliche Gebiete, die intensive Landwirtschaft betreiben, auf einen genügenden Ertragserfolg rechnen, wenn der Absatz auf den eigenen Lebensraum beschränkt werden muß.

Die Verkehrsbedürfnisse, die sich aus diesen lebenswichtigen Beziehungen der verschiedenen Volkswirtschaften untereinander ergeben, bilden das wichtigste Fundament für den Luftverkehr in seiner besonderen Eigenart als Verkehrsmittel für die größten Raumweiten der Erde. Sie sind nach Größe und Art abhängig von dem Wechsel im volkswirtschaftlichen Zusammenspiel und vor allem in dem der wirtschaftlichen, politischen und kulturellen Kräfte. In welchem Maße, dazu sollen die nachfolgenden Untersuchungen erstmalig einen Anhalt geben. Sie werden ausgehen müssen von dem Bild der Weltwirtschaft in den Jahren 1927—1933, wie es sich im Außenhandel der wirtschaftlichen Aktionszentren der Erde darstellt. Für die wichtigsten wirtschaftlichen Aktionszentren der Erde, Europa und Nordamerika, wird ferner der Außenhandel, die Produktion und die Lebenshaltung in den bedeutendsten Volkswirtschaften dieser Gebiete zu untersuchen sein, um den tatsächlichen Verlauf der Weltwirtschaft und der an ihr in erster Linie beteiligten Volkswirtschaften in ihren gegenseitigen Abhängigkeiten zu erkennen.

Diesem wirtschaftlichen Geschehen in den Jahren 1927—1933 ist der Verlauf der Verkehrswirtschaft der Hauptverkehrsmittel im Fernverkehr, wie Eisenbahnen und Schiffahrt, allgemein gegenüberzustellen, um ihr Abhängigkeitsmaß zu bestimmen. Damit sind die Bezugsgrößen festgelegt, von denen aus die Entwicklung und die Lage des Luftverkehrs für den gleichen Zeitraum zu untersuchen und die Abhängigkeit zwischen Konjunktur oder wirtschaftlicher Entwicklung und Luftverkehr zu beurteilen ist.

Besondere Aufmerksamkeit wird hierbei dem Umstand zu schenken sein, daß der Luftverkehr noch in starker Entwicklung begriffen ist, und daß durch technische Verbesserungen im Gegensatz zu den übrigen Hauptverkehrsträgern während des untersuchten Zeitraums der Gütegrad seiner Verkehrsleistungen sich unter Umständen verändert hat. Während wir beispielsweise für diesen Zeitraum bei den Eisenbahnen und der Schiffahrt von einem nahezu statischen oder unveränderten Gütegrad ihrer Verkehrsleistungen sprechen können, hat der Luftverkehr beispielsweise durch zweckmäßigere Flugplangestaltung eine Verbesserung des Gütegrads in bezug auf seine Leistungsfähigkeit erfahren und damit den Anreiz zu seiner Benutzung verstärkt. Dieser Gütegrad ist in seiner Dynamik wirksam und fast unabhängig davon, ob die Wirtschaft, der der Luftverkehr dient, sich günstig oder ungünstig in den verschiedenen Jahren entwickelt hat. Eine Wandlung des Gütegrades im Luftverkehr erschwert zwar die Untersuchung, macht sie aber, wie wir sehen werden, nicht unmöglich oder hinfällig.

Es bedarf noch einer Erklärung, weshalb das Jahr 1927 als Anfangsjahr für den zu untersuchenden Zeitabschnitt gewählt wurde. Die Gründe sind verschiedener Art. Erstens ist dieses Jahr wirtschaftlich gesehen, genügend abgerückt von der Anfangszeit der Währungsstabilisierung in Europa, so daß die Nachwirkungen des Währungsverfalls weitgehend ausgeschaltet sind. Zweitens aber begann im Jahre 1927 in allen Ländern, in denen planmäßiger und öffentlicher Luftverkehr betrieben wurde, eine Konsolidierung des Luftverkehrs, die auch maßgebend für die folgenden Jahre wurde. Vom Jahre 1927 ab kann von einer gewissen stetigen Entwicklung des Luftverkehrs gesprochen werden, der nicht mehr die Tastversuche in den vorhergehenden Jahren anhaften und die nicht mehr mit einem starken unorganischen Element belastet ist, wie es stets in den ersten Aufbaujahren von wirtschaftlichen Betrieben in Erscheinung tritt.

Andererseits wurde das Jahr 1933 als Schlußjahr für den Untersuchungszeitraum gewählt, weil es eine Wirtschaftsperiode begrenzt, die nach einem starken wirtschaftlichen Aufstieg bis zum Jahr 1929 einen Wirtschaftstiefstand erster Ordnung im Jahr 1932 mit anschließendem, wenn auch noch geringem Aufstieg im Jahr 1933 aufweist. In dem gekennzeichneten dreistufigen charakteristischen Wechsel des Wirtschaftslebens spiegeln sich am aufschlußreichsten die Abhängigkeiten wieder, denen der Luftverkehr als Diener der allgemeinen Wirtschaft unterworfen ist.

Gegenüber den gekennzeichneten periodisch eintretenden Konjunkturwandlungen, die klar übersehbar sind, sind in dem der Untersuchung zugrunde gelegten Zeitabschnitt die Strukturwandlungen der Wirtschaft wegen ihres großen zeitlichen Ausmaßes nur im Unterton vorhanden und daher weniger unmittelbar erfaßbar. Sie finden jedoch genügend Berücksichtigung in den Tatsachen der Konjunkturschwankungen und brauchen daher nicht als Sondererscheinung des Wirtschaftslebens für unsere Untersuchung hervorgehoben und betrachtet zu werden.

II. Das Bild der wirtschaftlichen Entwicklung in den Jahren 1927—1933

Das Bild der wirtschaftlichen Entwicklung der Länder und der Erde findet für die Zwecke der Untersuchungen seinen klarsten Ausdruck im Querschnitt des Güteraustausches und im Außenhandelsverkehr innerhalb einer Volkswirtschaft. Zu den Ursachen und tiefen Gründen, die zu dem außerordentlich wechselvollen und spannungsreichen Bild in den Wirtschaftsbeziehungen der Welt führten, ist nicht Stellung zu nehmen. Trotzdem ist für den Konjunkturzeitraum 1927—1933 der Hinweis nicht überflüssig, daß neben den Vorgängen und Maßnahmen auf dem Gebiet des Goldes, des Geldes, des Kredits und Kapitals auch das Maß des Vertrauens einen starken Einfluß vor allem auf die Entwicklung der Weltwirtschaft ausgeübt hat. Die Welt war in diesem Zeitraum von einem ausgesprochenen Mißtrauen nicht allein in politischer sondern vor allem in wirtschaftlicher Hinsicht beseelt. Anders läßt sich kaum die Tatsache erklären, daß in dieser Zeit das Kapital nicht mehr aus den Ländern niedriger Zinssätze in die mit höheren Zinssätzen floß. Dieses Vertrauensmaß ist für unsere Untersuchungen insofern von Wichtigkeit, als mittelbar auch der Aufbau des Luftverkehrsbetriebes als ein in den Bereich zahlreicher Volkswirtschaften räumlich übergreifendes technisches Instrument von diesem Vertrauen bis zu einem gewissen Grade abhängig ist. Wir werden zu unter-

II. Das Bild der wirtschaftlichen Entwicklung in den Jahren 1927—1933

suchen haben, von welchem Einfluß dies für die Entwicklung des Luftverkehrs gewesen ist.

Den Querschnitt durch die Weltwirtschaft, gemessen an dem Wert von Ein- und Ausfuhr der wirtschaftlichen Aktionszentren der Erde und an ihrem Anteil an der Weltwirtschaft, enthält Tabelle 1. Mit sehr flachem Anlauf nach oben erreicht der Außenhandel im Jahre 1929 seinen Höchststand, um dann einen in der Geschichte der Weltwirtschaft fast beispiellosen Abfall vor allem in den Jahren 1931—1933 um 65% zu erfahren. Das bedeutet gegenüber dem ungünstigsten Krisenjahr der Vergangenheit, dem Jahr 1873—1874 ein dreimal stärkeres Sinken des Welthandels in jedem Jahr. Über dem Durchschnitt liegen Nordamerika und Südamerika mit 70—74% Rückgang, die Gebiete mit stärkster Rohstoffausfuhr, während Europa mit 62% Rückgang an das Durchschnittsmaß heranreicht. Der im Jahr 1933 in den meisten Ländern einsetzende wirtschaftliche Aufstieg hat im Außenhandel noch keine sichtbare Wirkung gezeigt. Er tritt erst im Jahr 1934, soweit bis heute Zahlen vorliegen, in Erscheinung.

Im einzelnen ist das wertmäßige Entwicklungsbild im Außenhandel der bedeutendsten Länder Deutschland, England und der Vereinigten Staaten von Amerika aus Tabelle 2 zu ersehen. Auch hier ist der Rückgang in den Vereinigten Staaten von Amerika um 10—12% stärker als in den beiden europäischen Ländern.

Die wertmäßige Entwicklung der Weltwirtschaft und des Außenhandels der bedeutendsten Länder ist in ihren absoluten Umsatzzahlen nicht unerheblich beeinflußt worden durch Rückgänge der Warenpreise in den Zeiten rückläufiger Konjunktur. Wenn wir daher die Abhängigkeit des Verkehrs von der wirtschaftlichen Entwicklung feststellen wollen, so muß unter Ausschaltung dieser Preisrückgänge der mengenmäßige Umsatz in der Weltwirtschaft für den in der Untersuchung zugrunde gelegten Zeitraum ermittelt werden. Nach den Grundsätzen der Konjunkturlehre erfolgt dies durch Preisindizes, die für jedes Jahr auf Grund der Preiswandlungen der wichtigsten Wirtschaftsgüter ermittelt sind. Da das Jahr 1929 den Höchststand der Weltwirtschaft aufweist, so wurde dieses Jahr als Grundjahr = 100 gesetzt und mit Hilfe der

Tabelle 1. Wertmäßige Ein- und Ausfuhr der wirtschaftlichen Aktionszentren der Erde und ihr Anteil an der Weltwirtschaft (Werte in Milliarden Mark)

	1927			1928			1929			1930			1931			1932			1933		
	E.	A.	S.	E.	A.	S.	E.	A.	S.	E.	A.	S.	E.	A.	S.	E.	A.	S.	E.	A.	S.
	2	3	4	5	6	7	8	9	10	11	12	13	14	15	16	17	18	19	20	21	22
Europa	79,4	62,7	142,2	81,7	64,9	145,6	82,8	67,2	150,0	71,1	58,0	129,1	53,7	42,5	96,2	35,5	27,4	62,9	31,5	24,7	56,2
Nordamerika . .	24,6	28,6	53,2	24,6	29,8	54,4	26,1	29,6	55,7	18,8	21,8	40,6	12,2	13,9	26,1	8,0	9,4	17,4	6,8	8,2	15,0
Südamerika . . .	7,3	8,7	16,0	7,7	9,7	17,4	7,9	9,4	17,3	5,7	6,2	11,9	3,3	4,9	8,2	2,0	3,5	5,5	2,2	3,1	5,3
Afrika	5,4	4,4	9,8	5,8	4,9	10,7	6,2	4,8	11,0	5,5	3,7	9,2	4,0	2,7	6,7	3,0	2,4	5,4	2,9	2,3	5,2
Westasien . . .	1,4	1,1	2,5	1,5	1,3	2,8	1,6	1,2	2,8	1,1	1,0	2,1	1,0	0,9	1,9	0,7	0,5	1,2	0,7	0,6	1,3
Südostasien . . .	18,7	20,9	39,6	19,2	20,5	39,7	19,4	20,4	39,8	15,1	15,4	30,5	11,1	10,8	21,9	7,8	7,2	15,0	7,1	7,2	14,3
Australien . . .	4,2	3,8	8,0	3,7	3,9	7,6	3,9	3,6	7,5	2,8	2,6	5,4	1,3	1,9	3,2	1,1	1,6	2,7	1,0	1,7	2,7
Insgesamt . . .	141,0	130,2	271,3	144,2	135,0	278,2	147,9	136,2	284,1	120,1	108,7	228,8	86,6	77,6	164,2	58,1	52,0	110,1	52,2	47,8	100,0
1929 = 100 . . .	95	96	95	97	99	98	100	100	100	82	79	80	59	57	58	39	38	39	35	35	35

E. = Einfuhr, A. = Ausfuhr, S. = Einfuhr + Ausfuhr.
Quelle: Statistisches Jahrbuch für das Deutsche Reich 1934.

Konjunktur und Luftverkehr

Tabelle 2. **Entwicklungsbild der wertmäßigen Ein- und Ausfuhr von Deutschland, England und den Vereinigten Staaten von Amerika** (Werte in Milliarden Mark)

Jahr	Deutschland			England			Ver. Staaten v. Amerika		
	E.	A.	S.	E.	A.	S.	E.	A.	S.
1	2	3	4	5	6	7	8	9	10
1927	14,2	10,8	25,0	22,4	14,5	36,9	17,5	20,0	37,5
1928	14,0	12,3	26,3	21,9	14,8	36,7	17,1	21,1	38,2
1929	13,4	13,5	26,9	22,7	14,8	37,5	18,1	21,7	39,8
1930	10,0	12,0	22,0	19,5	11,6	31,1	12,6	15,8	28,4
1931	6,7	9,6	16,3	15,2	7,4	22,6	8,6	10,0	18,6
1932	4,7	5,7	10,4	9,6	5,4	15,0	5,4	6,6	12,0
1933	4,2	4,9	9,1	8,8	5,1	13,9	4,8	5,6	10,4

E. = Einfuhr, A. = Ausfuhr, S. = Einfuhr + Ausfuhr.
Quelle: Statistisches Jahrbuch für das Deutsche Reich 1934.

Preisindizes der anderen Jahre der Verlauf der Umsatzmenge im Welthandel im Vergleich zum Jahr 1929 ermittelt. Dann ergibt sich der in Tabelle 3 enthaltene mengenmäßige Unterschied der verschiedenen Jahre im Welthandel.

Tabelle 3. **Mengenmäßiger Welthandelsumsatz[1] auf der Grundlage von Durchschnittswerten für das Jahr 1929 = 100**

Jahr	1927	1928	1929	1930	1931	1932	1933
Welthandelsvolumen Mlrd. RM.	194,7	200,0	208,1	188,0	162,7	132,4	133,2
1929 = 100	93	96	100	90	78	63	63

Quelle: Statistisches Jahrbuch für das Deutsche Reich 1934.

[1] Der mengenmäßige Welthandelsumsatz ist bezogen auf den Preisindex 1913 = 100, so daß sich die Unterschiede gegen Tabelle 1 erklären.

Die Ausschaltung der Preisrückgänge in den Krisenjahren, die in Tabelle 1 noch nicht enthalten ist, vermindert erheblich das Spannungsbild. Mengenmäßig ist der Welthandel um rund 36% gegenüber dem Jahr 1929 gesunken. Zu dieser mengenmäßigen Entwicklungslinie läßt sich die Entwicklung des Verkehrs in unmittelbare Beziehung setzen.

In ungefähr gleicher Weise wie im Welthandel ändert sich das Bild des **mengenmäßigen Außenhandels der in Tabelle 2 aufgeführten Länder**, die als die hauptsächlichsten Repräsentanten des Welthandels anzusehen sind.

Im Vergleich zu diesen großen Spannungen im Außenhandelsleben der Welt und den wichtigsten Ländern hat sich in den einzelnen Volkswirtschaften die Produktion und die Lebenshaltung in den Jahren 1927—1933 etwas besser gehalten, wie Tabelle 4 zeigt. Vor allem sind in der Lebenshaltung die Unterschiede und Rückgänge wesentlich geringer als in der Produktion, was für die Benutzung von Verkehrsmitteln im Personenverkehr von besonderer allgemeiner Bedeutung ist.

Tabelle 4. **Charakteristik der Volkswirtschaften in Europa und den Vereinigten Staaten von Amerika nach den Jahresmitteln für industrielle Produktion (mengenmäßig) und Lebenshaltung.** (1929 = 100)

Jahr	Produktion				Lebenshaltung			
	Deutschland	England	Frankreich	Ver. Staaten v. Amerika	Deutschland	England	Frankreich	Ver. Staaten v. Amerika
1	2	3	4	5	6	7	8	9
1927	101	95	79	89	96	102	92	101
1928	99	94	91	92	98	101	93	100
1929	100	100	100	100	100	100	100	100
1930	90	92	101	81	96	96	104	95
1931	73	84	89	68	88	90	102	85
1932	61	83	69	54	79	89	94	76
1933	69	88	77	64	77	85	93	74

Quelle: Statistisches Jahrbuch für das Deutsche Reich 1934.

Für die Beurteilung der Verkehrsbedürfnisse im Frachtluftverkehr ist nun von besonderer Wichtigkeit, den Konjunkturverlauf in der Verbrauchsgütererzeugung und in der Produktionsgütererzeugung festzustellen. Zu den Verbrauchsgütern sind solche Güter zu rechnen, die unmittelbar zur Befriedigung eines persönlichen Bedürfnisses dienen. Hierzu gehören in erster Linie als Pakete oder Expreß- und Eilgut versandte Fertigwaren, also hochwertige Frachten, die besonders für den Luftverkehr in Frage kommen. Im Gegensatz zu den Verbrauchsgütern umfassen die Produktionsgüter diejenigen Güter, die zur Herstellung der Verbrauchsgüter notwendig sind. Das sind in erster Linie Rohstoffe, aus denen die Verbrauchsgüter hergestellt werden, Maschinen, die dabei verwendet, und Kohlen, die dabei verbrannt werden.

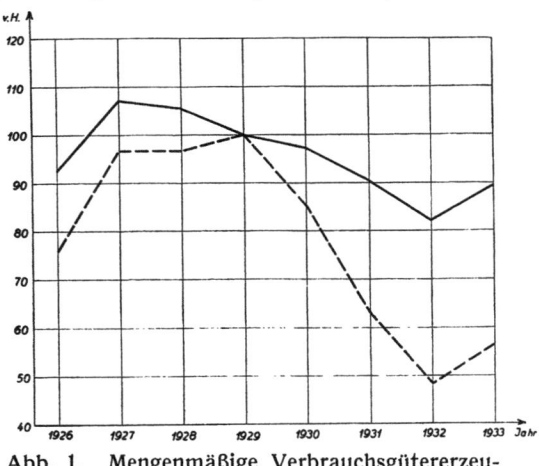

Die Produktionsgüter umfassen die mittel- und geringwertigen Güter, die nicht für den Luftverkehr, wohl aber in erster Linie für alle anderen Verkehrsmittel in Frage kommen.

Der Verlauf der Verbrauchsgütererzeugung und der Produktionsgütererzeugung drückt daher mittelbar die Lage der Verkehrsbedürfnisse im Luftverkehr und bei den übrigen Verkehrsmitteln aus. In Abb. 1 sind die mengenmäßigen Schwankungen der beiden Arten der Gütererzeugung, bezogen auf das Jahr 1929 = 100, für Deutschland dargestellt. **Die beiden Kennlinien zeigen einen klaren Unterschied der Schwankungen der beiden Güterarten, die bei den Verbrauchsgütern wesentlich geringer sind als bei den Produktionsgütern.**

Abb. 1. Mengenmäßige Verbrauchsgütererzeugung (———) und Produktionsgütererzeugung (— — —) von Deutschland. 1929 = 100.

Die für die Verkehrswirtschaft maßgebenden Konjunkturschwankungen in der Weltwirtschaft und im Außenhandel der wichtigsten Länder zeigen mengenmäßig ein gewaltiges Ausmaß. Werden sie charakterisiert nach den für den Luftverkehr und die übrigen Verkehrsmittel wichtigsten Erscheinungsformen in der Gütererzeugung, so ergibt sich bereits ein wesentlicher Unterschied in ihrer Bedeutung für die verschiedenen Verkehrsmittel. Wieweit dieser Unterschied in der Tat in der Verkehrswirtschaft des untersuchten Zeitraums wirksam geworden ist, soll Gegenstand der nachfolgenden Untersuchungen sein.

III. Die Verkehrswirtschaft in den Jahren 1927—1933

Die Rückwirkungen der großen Konjunkturschwankungen auf die Verkehrswirtschaft im Übersee- und Binnenverkehr konnten bei der starken Abhängigkeit zwischen den Leistungen der Verkehrsmittel und den Verkehrsbedürfnissen der Wirtschaft nicht ausbleiben. In welchem Maße sie eintraten, ist für die Weltwirtschaft aus Tabelle 5 zu erkennen, in der dem mengenmäßigen Weltaußen-

Tabelle 5. **Weltgüterverkehr und Weltwirtschaft**

	1927	1928	1929	1930	1931	1932	1933
1	2	3	4	5	6	7	8
Güterverkehr über See wichtiger Länder . . . . Mill. t	550	545	578	518	460	416	424
Güterverkehr über See wichtiger Länder . . . . 1929 = 100	95	94	100	90	79	72	73
Außenhandelsvolumen der Welt 1929 = 100	93	96	100	90	78	63	63
Industrielle Weltproduktion 1929 = 100	89	93	100	89	81	72	81

Quelle: Vierteljahreshefte zur Konjunkturforschung, Sonderheft 1933. — Angaben von Ministerialrat Dr. Teubert, Berlin.

Tabelle 6. Entwicklungsbild der Eisenbahnen nach Verkehrsleistungen und Einnahmen im Personen- und Güterverkehr in Deutschland, England und den Vereinigten Staaten von Amerika. (Werte in Millionen)

Jahr	Deutschland							England						Vereinigte Staaten von Amerika					
	Beförd. Personen	Beförd. Güter t	Personen- km	Tonnen- km	Einnahmen aus			Beförd. Personen	Beförd. Güter t	Person.- km	Tonnen- km	Einnahmen aus		Beförd. Personen	Beförd. Güter t	Person.- km	Tonnen- km	Einnahmen aus	
					Personen- u.Gepäck- verkehr RM	Güter- verkehr RM						Personen- u.Gepäck- verkehr RM	Güter- verkehr RM					Personen- u.Gepäck- verkehr RM	Güter- verkehr RM
1	2	3	4	5	6	7		8	9	10	11	12	13	14	15	16	17	18	19
1927	1909,2	489,0	45548	72614	1380	3226		1174,7[1])	330,7	—	30815	1800	2200	829,9	1163,0	54153	625956	4080	19450
1928	2009,4	481,0	47649	73180	1443	3276		1195,9[1])	311,0	—	28994	1780	2060	790,3	1167,0	50855	632056	3780	19700
1929	1980,3	485,9	47088	76382	1423	3485		1704,8	334,9	—	30825	1740	2134	780,5	1214,8	50007	653090	3680	20200
1930	1829,3	399,5	43298	61010	1346	2839		1684,7	309,2	—	29094	1670	1988	703,6	1046,2	43154	559821	3050	17150
1931	1577,7	325,6	36922	51208	1150	2308		1606,2	272,7	—	26690	1562	1810	599,1	811,1	35100	451456	2320	13700
1932	1305,1	280,4	30811	44411	901	1729		1557,0	253,7	—	24432	1470	1626	480,7	590,0	27300	340500	1590	10450
1933	1240,5	308,1	30117	47755	846	1815													

[1]) Ohne Zeitkarten.   Quelle: Statistisches Jahrbuch für das Deutsche Reich 1934.

handel und der industriellen Weltproduktion die Entwicklung des Güterverkehrs über See gegenübergestellt ist. Abb. 2 veranschaulicht die Beziehungen noch deutlicher und läßt auch den wertmäßigen und mengenmäßigen Unterschied im Außenhandel nochmals anschaulich erkennen. Die Parallelität der Schwankungen im Außenhandelsvolumen mit dem Güterverkehr Übersee ist klar ersichtlich.

Nehmen wir als Maßstab für die Entwicklung des Binnenverkehrs den Eisenbahnverkehr in den wichtigsten Wirtschaftsländern, so ist aus Tabelle 6 zu ersehen, daß die Verkehrsleistungen im Personen- und Güterverkehr nahezu den Wandlungen der Volkswirtschaft in den betreffenden Ländern gefolgt sind. Auch hier zeigen die Vereinigten Staaten von Amerika, ähnlich wie im Außenhandel,

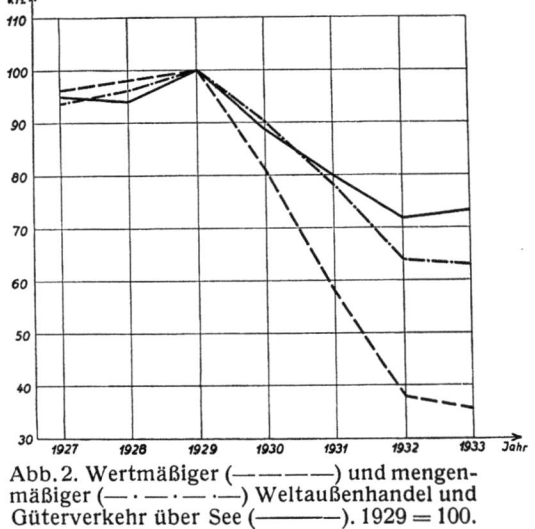

Abb. 2. Wertmäßiger (— — — —) und mengenmäßiger (— · — · —) Weltaußenhandel und Güterverkehr über See (———). 1929 = 100.

den stärksten Rückgang im Binnenverkehr. Soweit in der Tabelle 6 das Jahr 1933 erfaßt ist, zeigt es die aus der Besserung der Lage der Volkswirtschaft des betreffenden Landes sich ergebende Verkehrsbelebung im Güterverkehr, während der Personenverkehr wohl in erster Linie mit Rücksicht auf den Wettbewerb des Kraftwagens dieser Tendenz noch nicht folgte.

Während alle diese Tatsachen vorwiegend ein allgemeines Bild über das stets lebendige Zusammenspiel zwischen Wirtschaft und Verkehr geben, ist es notwendig, zur Untersuchung der Abhängigkeit zwischen der Wirtschaft und dem Luftverkehr die Entwicklung derjenigen Verkehrsarten zu betrachten, die für den Luftverkehr in erster Linie in Frage kommen. Das sind, um einen Anhalt zu geben, im Personenverkehr die Fahrgäste I. und II. Klasse auf Eisenbahnen, der Postverkehr in Gestalt von Briefsendungen und der Frachtverkehr in Gestalt von Paketen und hochwertigen sowie eilwertigen Gütern.

Mit dem Rückgang des Lebensstandards und der Geschäftstätigkeit in allen Ländern entwickelte sich, wie Tabelle 7 zeigt, im Personenverkehr eine rückläufige Benutzung der I. und II. Klasse auf Eisenbahnen in der Zeit vom Jahre 1929—1933. Nur Frankreich machte hierin eine Ausnahme, dessen fast unverminderter Lebensstandard und gute Wirtschaftslage zu keinem Rückschlag in der anteilmäßigen Benutzung der hohen Wagenklassen führte. Dagegen ist in allen übrigen Ländern die Benutzung der höheren Klassen im Durchschnitt um 20—22% zurückgegangen, wobei zu den Ländern mit stärkster Abnahme vor allem Deutschland zu rechnen ist. Es ist anzunehmen, daß der Rückgang in erster Linie auf eine Abwanderung nach den billigeren Klassen zurückzuführen ist. Immerhin bewegt sich der Rückgang in den höheren Klassen des Eisenbahnverkehrs während der Wirtschaftskrise im Rahmen des Rückgangs der Lebenshaltung, die bereits in Tabelle 4 als Maßstab für die Wandlungen im hochwertigen Personenverkehr angesehen wurde.

Tabelle 7. **Anteilmäßige Verteilung der Reisenden auf europäischen Eisenbahnen nach Wagenklassen**

Eisenbahnunternehmen	1929		1932		Anteilmäßige Zu- oder Abnahme der I. und II. Klasse gegenüber 1929
	I. u. II. Klasse %	III. Klasse %	I. u. II. Klasse %	III. Klasse %	
1	2	3	4	5	6
Deutsche Reichsbahn-Gesellschaft .	7,1	92,9	4,8	95,2	—32,3
Französische Hauptbahnen	16,1	83,9	16,8	83,2	+ 4,3
Italienische Staatsbahnen	12,9	87,1	10,3	89,7	—20,1
Österreichische Bundesbahnen . . .	2,0	98,0	1,1	98,9	—45,0
Nationale Gesellschaft der belgischen Eisenbahnen	8,8	91,2	8,4	91,6	— 4,5
Niederländische Eisenbahnen . . .	18,1	81,9	14,7	85,3	—18,8
Englische Hauptbahnen	7,4	92,6	6,3	93,7	—14,8
Schweizerische Bundesbahnen . . .	5,1	94,9	4,3	95,7	—15,7
Dänische Staatsbahnen	5,3	94,7	3,3	96,7	—37,8
Schwedische Staatsbahnen	2,6	97,4	2,0	98,0	—23,1

Die Entwicklung des Nachrichtenverkehrs in Gestalt von Briefen und Drucksachen zeigt Tabelle 8 für Deutschland und die Vereinigten Staaten von Amerika, als repräsentative Länder der für den Luftverkehr wichtigsten Erdteile Europa und Amerika. Der Briefverkehr hat im Jahr 1932 gegenüber 1929 nur um 12—15% im Inlandverkehr und um 18—20% im Auslandverkehr abgenommen. Dem entsprechen auch ungefähr die Schwankungen der Einnahmen aus Postgebühren. **Der Briefverkehr hat sich demnach verhältnismäßig krisenfest gezeigt**, was bei der besonderen Wichtigkeit des Nachrichtenverkehrs für den Luftverkehr von Bedeutung ist. Der von den Postverwaltungen durchgeführte Paketverkehr ist im Zusammenhang mit dem Frachtverkehr zu betrachten, da die Bedürfnisse im Paketverkehr vom Güteraustausch ausgehen und von ihm bestimmt werden.

Der Paketverkehr dient, wie der Expreß- und Eilgutverkehr der Eisenbahnen, der Beförderung hochwertiger, für den Luftverkehr in Frage kommender Güter. Die Entwicklung dieses Verkehrs bei den Postanstalten und bei den Eisenbahnen im Inlandverkehr Deutschlands zeigt für den Paketverkehr der Reichspost Abb. 3 und Tabelle 9, für den Expreß- und Eilgutverkehr der Reichsbahn Abb. 4. Zur Veranschaulichung der Entwicklungsrichtung im Expreß- und Eilgutverkehr gegenüber dem Frachtgutverkehr, der die mittel- und geringwertigen Güter umfaßt, ist auch die Entwicklungslinie der beförderten Frachtgutmengen in Abb. 4 eingetragen. Der Paketverkehr hat im Jahr 1932 gegenüber 1929 nur einen Rückgang von 18% erfahren, während der Expreß- und Eilgutverkehr im gleichen Zeitraum stärker nachgelassen hat, was sich wohl aus einer gewissen Abwanderung dieses Verkehrs auf den Lastkraftwagen in erster Linie erklärt. Immerhin liegt dieser Rückgang im Expreß- und Eilgutverkehr um 10—12% niedriger als im Frachtgutverkehr, so daß die geringere

Tabelle 8. **Entwicklungsbild der Verkehrsleistungen und Einnahmen im Nachrichtenverkehr in Deutschland und den Vereinigten Staaten von Amerika**

Land	Jahr	Inlandverkehr		Auslandverkehr		Einnahmen aus Postgebühren RM/Einw.
		Anzahl Briefe je Einwohner	Anzahl Drucksachen je Einwohner	Anzahl Briefe je Einwohner	Anzahl Drucksachen je Einwohner	
1	2	3	4	5	6	7
Deutschland ...	1927	79	31	6,9	2,8	16,1
	1928	83	30	7,0	2,8	17,3
	1929	67	44	6,0	2,9	17,6
	1930	64	29	5,9	2,6	17,0
	1931	64	22	4,9	1,9	14,6
	1932	60	20	4,8	1,7	12,3
	1933	58	20	4,2	1,7	12,0
Vereinigte Staaten von Amerika	1927	136	34			21,4
	1928	139	32			21,8
	1929	143	36			22,0
	1930	141	36			22,3
	1931	133	34			20,8
	1932	122	30			18,5
	1933	91	31			18,3

Quellen: Geschäftsberichte der Deutschen Reichspost 1927—1933. — Appendix to the Cost Ascertainment. Report of the Post Office Department, Washington 1927—1933.

Krisenempfindlichkeit der hoch- und eilwertigen Güter gegenüber den mittel- und geringwertigen Gütern auch im Eisenbahnverkehr zutage getreten ist. Dies, sowie der an die geringe Krisenempfindlichkeit des Nachrichtenverkehrs grenzende verhältnismäßig kleine Rückgang im Paketverkehr lassen die hoch- und eilwertigen Güter als die im Frachtverkehr am wenigsten empfindliche Güterart erkennen. Der Luftverkehr kann aus dieser Tatsache seine besonderen Vorteile ziehen.

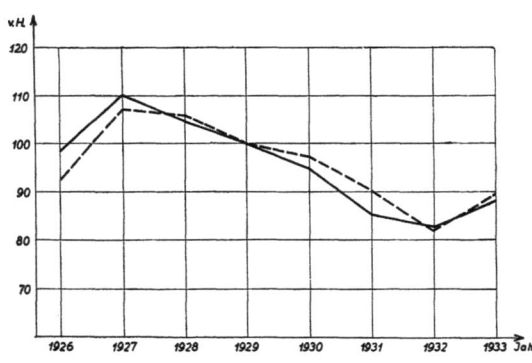

Abb. 3. Mengenmäßige Verbrauchsgütererzeugung (— — — —) und Paketverkehr (———) von Deutschland. 1929 = 100.

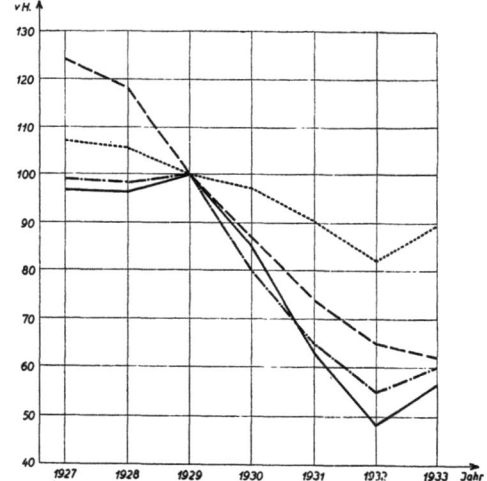

Abb. 4. Mengenmäßige Verbrauchsgütererzeugung (·······) und Expreß- und Eilgutverkehr (— — —) sowie mengenmäßige Produktionsgütererzeugung (———) und Frachtverkehr der Reichsbahn (—·—·—·—) von Deutschland. 1929 = 100.

Tabelle 9. **Paketverkehr in Deutschland und in den Vereinigten Staaten von Amerika**

Jahr	1927	1928	1929	1930	1931	1932	1933
Pakete je Einwohner in Deutschland	4,5	4,2	4,1	3,8	3,5	3,4	3,6
Pakete je Einwohner in den Vereinigten Staaten von Amerika..	6,2	6,3	6,4	7,0	6,4	5,1	4,4

Quellen: Geschäftsberichte der Deutschen Reichspost 1927—1933. — Appendix to the Cost Ascertainment. Report of the Post Office Department, Washington 1927—1933.

In den Abb. 3 und 4 sind zum Paketverkehr die Entwicklungslinien der Verbrauchsgütererzeugung und zum Eisenbahnfrachtverkehr die der Produktionsgütererzeugung in Beziehung gebracht. Sie zeigen deutlich die Abhängigkeit des Paketverkehrs und damit auch des Verkehrs mit hoch- und eilwertigen Gütern von der Verbrauchsgütererzeugung und die Abhängigkeit des Frachtgutverkehrs von der Produktionsgütererzeugung. Zwischen beiden liegt die Entwicklungslinie des auf Eisenbahnen bewältigten Expreß- und Eilgutverkehrs.

Ein wesentlich anderes Bild als im Innenverkehr Deutschlands zeigt der **Paket- und Fertigwarenverkehr im deutschen Auslandsverkehr**. Bei beiden Verkehrsgattungen liegt, wie Tabelle 10 zeigt, ein Rückgang vor, der zum Teil noch über den Rückgang im gesamten mengenmäßigen Außenhandelsverkehr Deutschlands hinausgeht. Hier haben sich die besonderen Schwierigkeiten in der Devisenbeschaffung für die deutsche Wirtschaft und das starke in allen Ländern vorherrschende gegenseitige Mißtrauen in besonderem Maße ausgewirkt. Diese außerhalb der Grundbedingungen für einen normalen Warenaustausch liegenden Ursachen für den Verkehrsrückgang in hoch- und eilwertigen Gütern im Auslandsverkehr, vermögen nicht die für den Inlandverkehr nachgewiesene Krisenfestigkeit dieser Güterarten zu erschüttern, wenn sie auch naturgemäß zeitweise auf den Auslandsverkehr besonders hemmend wirken konnten. Es wird später noch untersucht, ob und wieweit auch der Luftverkehr unter diesen Hemmungen zu leiden hatte.

Tabelle 10. **Paket- und Fertigwarenverkehr im Außenhandel Deutschlands auf der Grundlage von Durchschnittswerten für das Jahr 1929 = 100**

Jahr	1927	1928	1929	1930	1931	1932	1933
Auslandspakete der Deutschen Reichspost . . . . . Mill. Stück	15,8	16,7	17,4	16,8	14,2	10,0	8,5
1929 = 100	85	96	100	97	82	57	49
Fertigwarenverkehr mit dem Ausland . . . . Mill. RM.			12101	10834	8603	5216	4456
Indexziffer der Großhandelspreise . .			137	125	111	97	93
Mengenmäßiger Fertigwarenverkehr mit dem Ausland . .1929 = 100			100	99	88	61	54

Wir können als Ergebnis feststellen, daß im allgemeinen **die für den Luftverkehr in Frage kommenden Verkehrsarten mengenmäßig weit geringeren Schwankungen unterworfen waren als die Gesamtwirtschaft und der Verkehr der übrigen Hauptverkehrsträger. Der Luftverkehr konnte sein Verkehrsvolumen aus vorwiegend krisenfesten Verkehrsbedürfnissen ziehen und damit selbst sich krisenfester entwickeln, als es nach der allgemeinen Wirtschaftslage möglich erschien.**

Bei allen Verkehrsmitteln wirken sich Rückgänge in den Verkehrsleistungen und Einnahmen zu einer **vorsichtigen und zurückhaltenden Politik in der Finanzierung und Herstellung von neuen Verkehrsanlagen** aus. So entspricht auch in dem untersuchten Zeitraum der Umfang des von der öffentlichen Hand, dem Staat und den Kommunen, in Verkehrsanlagen neu investierten Kapitals der wirtschaftlichen Entwicklung. Während zum Ausbau der Reichsbahnanlagen, der großstädtischen Verkehrsmittel, der Einrichtungen für die Reichspost und der Binnenwasserstraßen, Seehäfen und Anlagen für den Luftverkehr Deutschlands im Jahr 1929 noch 682 Millionen RM. für Neuanlagen ausgeworfen wurden, ist dieser Betrag im Jahr 1931 auf 111 Millionen RM. gesunken[1]). An der letzteren Summe ist beteiligt mit mehr als 50% die Deutsche Reichsbahn, der Rest verteilt sich auf Reichspost, großstädtische Verkehrsmittel, Wasserverkehr und Luftverkehr.

Vom rein technischen Standpunkt aus gesehen, sind bei keinem Verkehrsmittel zu Lande und zu Wasser in der untersuchten Zeitperiode Verbesserungen in der Anlage vorgenommen worden, die eine Verbesserung der Betriebs- und Verkehrsleistungen dieser Verkehrsmittel hätten mit sich

---

[1]) Kapitalbildung und Investitionen in der deutschen Volkswirtschaft, Vierteljahrshefte zur Konjunkturforschung, Sonderheft 22, 1933.

bringen können. Die mit der Einführung der Schnelltriebwagen bei der Deutschen Reichsbahn und mit dem Bau der Reichsautostraßen zu erwartenden Umwälzungen in der Verkehrstechnik des Landverkehrs haben noch keinen konkurrierenden Einfluß auf den Luftverkehr ausüben können, da sie in dem Untersuchungszeitraum noch nicht wirksam waren.

Der Luftverkehr hat sich daher in den Jahren 1927—1933 einer statischen Lage der Leistungen der mit ihm im Wettbewerb stehenden Verkehrsmittel gegenüber sehen können, ein Umstand, der die Beurteilung seines Verhältnisses zu den Konjunkturschwankungen wesentlich erleichtert. Denn, können wir einen technischen Fortschritt bei den übrigen Verkehrsmitteln nicht als gegeben ansehen, so lassen sich von dieser Grundlage aus die Wirkungen von technischen Fortschritten im Luftverkehr um so klarer bewerten. Die auf Grund dieses technischen Fortschritts etwa erzielten verkehrswirtschaftlichen Erfolge liegen jenseits der Einflüsse, die sich für den Luftverkehr aus der allgemeinen Wirtschaftslage ergeben und können daher möglichst scharf von diesen geschieden werden.

Bevor daher die tatsächlichen Verkehrsleistungen und die wirtschaftliche Entwicklung des Luftverkehrs für die Zeitperiode 1927—1933 als Spiegelbild der Abhängigkeit zwischen Wirtschaft und Luftverkehr untersucht werden, ist die technische, betriebliche und organisatorische Lage und Entwicklung des Luftverkehrs in dieser Zeitperiode zu behandeln.

IV. Die technische, betriebliche und organisatorische Entwicklung des Luftverkehrs in den Jahren 1927—1933

1. Sicherheit

Für ein neues Verkehrsmittel wie den Luftverkehr ist ein genügendes Maß der Sicherheit von besonderer Bedeutung für seine Benutzung. Die im Gefühlsleben liegende Vorsicht, sich diesem neuen Verkehrsmittel anzuvertrauen, lag um so näher, als der Luftweg ganz andere und zum Teil vollkommen neuartige Faktoren der Unsicherheit im Vergleich zu den übrigen Verkehrsmitteln in sich schließt. Diese Faktoren möglichst weitgehend zu beherrschen oder auszuschalten, war das wichtigste Bemühen der Luftverkehrsgesellschaften. Die Mittel und Wege, die sie dazu anwandten, sind in den früheren Forschungsheften des Instituts eingehend besprochen worden. Bis zum Jahr 1933 läßt sich auf Grund eingehenden Zahlenmaterials der Erfolg dieser Bemühungen bis zu einem gewissen Grade feststellen.

Die gegen Unsicherheit in der Beförderung empfindlichste Verkehrsart, der Personenverkehr, vermag psychologisch am eindeutigsten einen Wertmaßstab für die Sicherheit im Luftverkehr abzugeben. In Tabelle 11 ist für die wichtigsten Luftverkehrsländer ermittelt, wieviel von den jährlich geleisteten Flugkilometern in den verschiedenen Ländern auf einen getöteten oder verletzten Fluggast entfallen. Das Bild ist durchaus nicht einheitlich. Einer verhältnismäßig gleichmäßig günstigen Entwicklung der Sicherheit in Deutschland, Frankreich und den Vereinigten Staaten von Amerika steht eine sehr ungleichmäßige, zum Teil günstige, zum Teil sehr ungünstige Entwicklung in England und Italien gegenüber.

Im europäischen Raum haben wir demnach einen Dualismus an Sicherheit und Unsicherheit, der zum mindesten nicht dazu beigetragen hat, das Bild der Sicherheit im Luftverkehr ganz allgemein als fortschreitend günstig anzusehen. Immerhin wird die Tatsache, daß seit dem Jahre 1929 auch der Winterluftverkehr in Europa immer mehr durchgeführt ist und dadurch der Sicherheitsfaktor keineswegs ungünstig beeinflußt wurde, die Annahme rechtfertigten, daß die Luftverkehrsgesellschaften in ihrem stets ernsten Bemühen um Verbesserung der Sicherheit praktische Erfolge erzielt haben.

Wieweit einige schwere Unfälle gerade in den letzten Jahren diese günstige Beurteilung nach außen hin beeinflußt haben, läßt sich zahlenmäßig nicht erfassen. Ganz allgemein wird jedoch die Gewöhnung an das Verkehrsmittel, die der Luftverkehr der letzten 5 Jahre gestattete, eine Zurückhaltung in der Benutzung des Flugzeugs, soweit sie von der Sicherheit bestimmt wird, immer mehr ausgeschaltet haben. Daraus läßt sich eine gewisse werbende Kraft, die auf die Verbesserungen des technischen Apparats und der Handhabung des Flugbetriebs sowie auf Verbesserungen auf dem Gebiete der Flugsicherung zurückzuführen ist, für die Benutzung des Luftverkehrs gerade in den Zeiten stärkster Wirtschaftskrise ableiten.

IV. Die technische, betriebliche und organisatorische Entwicklung des Luftverkehrs

2. Leistungsfähigkeit

Die technische Leistungsfähigkeit im Luftverkehr wird bestimmt durch die Größe des Netzes, die Güte der Bodenorganisation sowie durch die Leistungsfähigkeit der Luftfahrzeuge.

Der Ausbau des Liniennetzes im planmäßigen Luftverkehr ist, wie Tabelle 12 in Spalte 4 zeigt, nur in Europa und Nordamerika der Entwicklungstendenz der Wirtschaft gefolgt. Allerdings zeigt Europa in den Jahren 1929—1931 noch einen gewissen Aufstieg, der aber in erster Linie auf die Einrichtung von Luftverkehrslinien im bisher wenig erschlossenen Osten zurückzuführen ist. Im übrigen hat in Europa und Nordamerika die Verschlechterung der allgemeinen Wirtschaftslage zu einer Rationalisierung des Luftverkehrsnetzes geführt, die eine Verringerung der Gesamtnetzlänge mit sich brachte. Es kennzeichnet den gewaltigen Vorsprung und die damit zusammenhängende Sättigung Europas und Nordamerikas im Aufbau des Luftliniennetzes, wenn in allen übrigen Erdteilen ein starker Aufstieg in der Einrichtung von Luftverkehrslinien aus kleinsten Anfängen heraus festzustellen ist.

Tabelle 11. **Verkehrssicherheit im planmäßigen Luftverkehr**

Land	Jahr	Flugkilometer in 1000 km	Fluggäste		Es entfallen auf	
			getötet	verletzt	1 Toten Flugkm	1 Verletzten Flugkm
Deutschland	1927	9 969	9	23	1 108 000	433 000
	1928	11 449	4	10	2 862 000	1 145 000
	1929	10 418	7	7	1 488 000	1 488 000
	1930	10 861	10	4	1 086 000	2 720 000
	1931	10 338	2	8	5 169 000	1 292 000
	1932	9 267	3	0	3 089 000	∞
	1933	10 544	3	2	3 514 000	5 272 000
Frankreich	1927	6 037	6	2	1 006 000	3 018 000
	1928	7 297	6	15	1 216 000	486 000
	1929	9 435	9	3	1 048 000	3 145 000
	1930	9 395	7	3	1 342 000	3 132 000
	1931	9 268	8	1	1 033 000	9 268 000
	1932	9 500	2	1	4 750 000	9 500 000
	1933	9 980	8	8	1 247 000	1 247 000
England	1927	989	0	0	∞	∞
	1928	1 279	0	0	∞	∞
	1929	1 912	11	4	174 000	478 000
	1930	1 780	4	2	345 000	990 000
	1931	2 178	0	0	∞	∞
	1932	2 841	0	0	∞	∞
	1933	3 168	19	0	167 000	∞
Italien	1927	1 328	0	0	∞	∞
	1928	1 990	0	0	∞	∞
	1929	3 008	1	7	3 008 000	429 000
	1930	4 438	7	3	634 000	1 479 000
	1931	4 398	0	0	∞	∞
	1932	4 650	1	1	4 650 000	4 650 000
	1933	4 764	3	1	1 588 000	4 764 000
Holland	1927	1 310	0	0	∞	∞
	1928	1 623	0	0	∞	∞
	1929	1 591	0	0	∞	∞
	1930	1 378	0	0	∞	∞
	1931	2 213	2	1	1 106 000	2 213 000
	1932	2 445	0	0	∞	∞
	1933	3 333	0	0	∞	∞
Vereinigte Staaten von Amerika	1927	9 445	2	0	4 722 000	∞
	1928	16 890	13	8	1 300 000	2 111 000
	1929	25 600	18	26	1 421 000	985 000
	1930	59 400	24	25	2 475 000	2 375 000
	1931	76 000	26	50	2 920 000	1 520 000
	1932	81 000	25	16	3 240 000	5 070 000
	1933	88 000	8	32	11 000 000	2 750 000

Quellen: Deutschland: Revue Aéronautique Internationale. — Frankreich: Hirschauer-Dollfus. — England: Report on the Progress of Civil Aviation. — Italien: Statistica delle Linee Aeree Civili Italiane. — Holland: Hirschauer-Dollfus. — Vereinigte Staaten von Amerika: Air Commerce Bulletin.

Tabelle 12. **Der Wettbewerbsfaktor im Liniennetz des planmäßigen Luftverkehrs**

Erdteil	Jahr	Summe der Fluglinien der Gesellschaften über dem Erdteil km	Liniennetz des Erdteils km	Wettbewerbsfaktor Spalte 3:4
1	2	3	4	5
Europa	1927	62510	47640	1,31
	1928	77470	61470	1,26
	1929	79500	62990	1,26
	1930	78750	61870	1,27
	1931	100220	75500	1,33
	1932	94440	73170	1,29
	1933	89490	73020	1,22
Nordamerika	1927	14580	14580	1,00
	1928	41200	36100	1,14
	1929	62450	58400	1,07
	1930	89050	82400	1,08
	1931	91160	77160	1,18
	1932	81410	73210	1,11
	1933	78890	74010	1,07
Südamerika	1927	2500	2500	1,00
	1928	13220	13220	1,00
	1929	27450	25910	1,06
	1930	49870	36060	1,38
	1931	49570	36730	1,35
	1932	52800	39960	1,32
	1933	54030	44870	1,21
Afrika	1927	4960	4960	1,00
	1928	8670	8670	1,00
	1929	9700	9700	1,00
	1930	14840	14200	1,04
	1931	17320	16680	1,04
	1932	24480	24350	1,01
	1933	26200	26200	1,00
Asien	1927	6840	6840	1,00
	1928	12590	11960	1,05
	1929	23560	21800	1,08
	1930	44740	39540	1,13
	1931	65800	53560	1,23
	1932	76240	65740	1,16
	1933	77850	68950	1,13
Australien	1927	5400	5400	1,00
	1928	5400	5400	1,00
	1929	8840	8840	1,00
	1930	12800	12800	1,00
	1931	14250	12270	1,16
	1932	9890	9890	1,00
	1933	11960	11430	1,05

Die Zeit der Weltwirtschaftskrise war im Luftverkehr die Zeit der Einrichtung von großen Transkontinental- und Transozeanlinien, wie die Abb. 5 und 6 in anschaulicher Weise darstellen. Die Weltluftverkehrslinien erschließen, soweit sie sich entwickeln konnten, wie die Mahner zu größerer und strafferer Gemeinschaftsarbeit im wirtschaftlichen Zusammenleben der Völker, immer größere Raumweiten und strahlen ihre völkerverbindende Kraft nach allen Seiten aus. Der Umstand, daß die wirtschaftlichen Zentralflächen und Kontinentalnetze, von denen die Weltluftverkehrslinien ausgehen, Europa und Nordamerika sind, kennzeichnet den starken Willen zum Weltluftverkehr in diesen Gebieten und entspricht ihrer politischen und wirtschaftlichen Stellung im Weltganzen. Gleichwohl bleiben die Entwicklungszellen des Weltluftverkehrs, Europa und Nordamerika, die am dichtesten mit Luftverkehrslinien durchsetzten Gebiete. In ihnen hat zwar die Wirtschaftskrise zu einer gewissen Stabilisierung des Luftliniennetzes insofern geführt, als nur diejenigen Luftverkehrsverbindungen aufrecht erhalten wurden, die einen genügenden Verkehrswert auf Grund der Erfahrungen erwarten

IV. Die technische, betriebliche und organisatorische Entwicklung des Luftverkehrs

ließen. Diesen Linien wandte man nun aber auch die vollste Aufmerksamkeit in bezug auf die Bodenorganisation zu.

So erklärt es sich, daß die Zahl der Flughäfen und vor allem diejenige der Hilfslandeplätze bis zum Jahre 1932 ständig zunimmt und erst das Jahr 1933 eine gewisse Ruhelage der Entwicklung

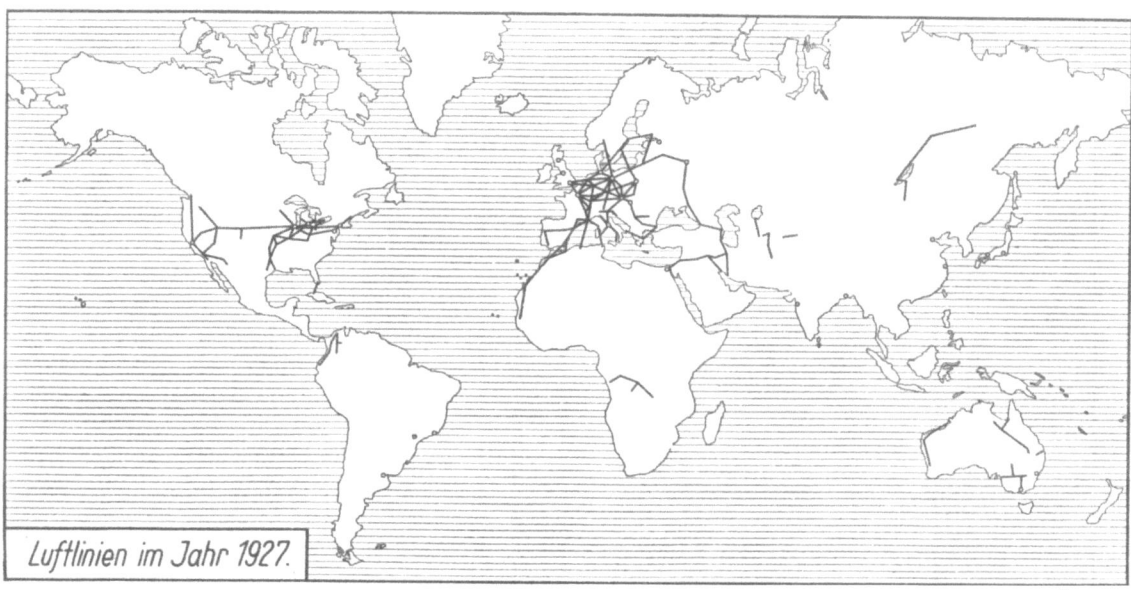

Abb. 5. Das Weltluftliniennetz im Jahr 1927.

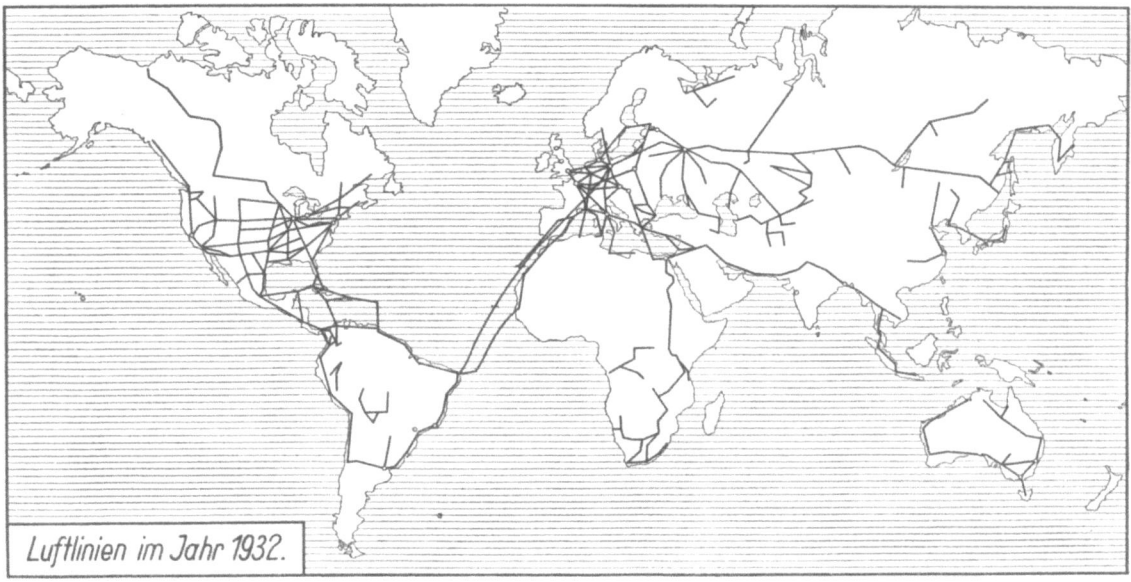

Abb. 6. Das Weltluftliniennetz im Jahr 1932.

zeigt. Die Tabelle 13 gibt hierüber näheren Aufschluß, sie läßt auch erkennen, wie verhältnismäßig gering und im allgemeinen wenig veränderlich die Zahl der im planmäßigen Luftverkehr angeflogenen Flughäfen ist, so daß die Steigerung der Gesamtzahl der Flughäfen in erster Linie zur Erhöhung der Sicherheit des Betriebs oder zur Vermehrung der Hilfslandeplätze notwendig wurde. Nur England

Tabelle 13. Zahl der Flughäfen und Flughafendichte in einigen Ländern Europas und in den Vereinigten Staaten von Amerika

1	1927				1928				1929				1930				1931				1932				1933				Flughafendichte 1 Flughäfen (d) entfällt auf qkm des Landes	
	2				3				4				5				6				7				8				9	
	a	b	c	d	a	b	c	d	a	b	c	d	a	b	c	d	a	b	c	d	a	b	c	d	a	b	c	d	1927	1933
Deutschland	86 (76)	144	—	231	98 (75)	145	—	237	101 (74)	117	—	239	97 (64)	133	—	236	97 (65)	160	—	257	101 (60)	167	—	276	96 (56)	167	—	263	2000	1800
England	11 (3)	50	45	106	21 (3)	56	46	123	26 (3)	67	46	139	29 (2)	92	47	168	33 (2)	124	47	204	35 (2)	362	54	451	40 (24)	201	60	301	2300	800
Frankreich	14 (8)	40	83	137	20 (8)	37	88	145	25 (8)	33	93	151	28 (10)	31	96	155	30 (10)	33	102	165	32 (8)	64	100	184	47 (9)	98	49	194	4000	2850
Italien	17 (12)	60	60	137	19 (18)	61	62	142	23 (22)	63	63	149	25 (23)	65	65	155	27 (24)	66	66	159	31 (23)	94	68	193	31 (27)	94	68	193	2250	1600
Vereinigte Staaten von Amerika	637 (57)	320	79	1036	943 (123)	340	81	1364	1233 (173)	235	82	1550	1468 (185)	240	74	1782	1713 (194)	300	80	2093	1575 (192)	476	66	2117	1565 (192)	550	73	2188	7500	3600

Erklärung: a = Flughäfen, b = Hilfslandeplätze, c = Militärische Flugplätze, d = a + b + c.
Die Zahlen unter a in Klammern geben die Anzahl der im planmäßigen Verkehr angeflogenen Flughäfen an.
Quellen: Deutschland: Nachrichten für Luftfahrer. — England: Report on the Progress of Civil Aviation 1928—1932. — Frankreich: Bulletin de la Navigation Aérienne. — Italien: Angaben des italienischen Luftfahrt-Ministeriums. — Vereinigte Staaten von Amerika: Air Commerce Bulletin Nr. 21 vom 1. 5. 33.

weist eine starke Zunahme der planmäßig angeflogenen Flughäfen im Jahre 1933 auf, die auf den starken Ausbau des Landesnetzes, der bis dahin nicht für notwendig gehalten wurde, zurückzuführen ist. In den übrigen Ländern spricht aus den Zahlen über die flugplanmäßig angeflogenen Flughäfen deutlich die Zurückhaltung in der Einrichtung neuer Verkehrslinien und neuer Flugverbindungen heraus, wie wir sie bereits bei der Betrachtung des Luftliniennetzes für Europa und Nordamerika festgestellt hatten.

Die für die Flugsicherung notwendigen technischen Anlagen, wie Nachtbeleuchtung der Strecken, Funkanlagen, Fernmeldenetz und Wetterstationen zeigen, wie aus Tabelle 14 zu ersehen ist, eine von der Wirtschaftskrise kaum beeinflußte Steigerung. Bei der Bedeutung aller dieser Anlagen für die Sicherung und Leistungsfähigkeit des Luftverkehrs mußte hier möglichst bald ein Zustand erreicht werden, der der Einheitlichkeit und der Zuverlässigkeit der Flugsicherung in Europa und den Vereinigten Staaten von Amerika gerecht werden konnte. Es ist kein Zweifel, daß hierdurch neben der Sicherheit auch die Regelmäßigkeit und Pünktlichkeit im Luftverkehr verbessert wurde. Dem Beispiel der Vereinigten Staaten von Amerika folgend, die bereits sehr früh die Einrichtung wichtiger Flugstrecken für den Nachtverkehr vornahmen, hat auch Europa den Aufbau eines geschlossenen Nachtluftverkehrnetzes trotz der allgemeinen Wirtschaftskrise begonnen und fortgesetzt, so daß bereits im Jahre 1933 nahezu der aus Abb. 7 ersichtliche Zustand erreicht war.

Das Nachtluftverkehrsnetz verbindet bereits in Europa die wichtigsten Großstädte miteinander. In noch stärkerem Maße bauten die Vereinigten Staaten von Amerika ihr Nachtluftverkehrsnetz aus, dessen Umfang und räumliche Verteilung aus Abb. 8 für das Jahr 1934 zu ersehen ist. Im übrigen gibt über die Entwicklungsrichtung des Ausbaus von Nachtluftstrecken in den wichtigsten Ländern von Europa und den Vereinigten Staaten von Amerika die Tabelle 14 näheren Aufschluß. Sie zeigt, daß in der Zeit der Wirtschaftskrise der Ausbau in mehr oder weniger starkem Maße fortgesetzt wurde, und zwar am stärksten in Deutschland und in den Vereinigten Staaten von Amerika. Es kann angenommen werden, daß diese Vermehrung der Nachtluftverkehrsstrecken eine gewisse günstige Wirkung gehabt hat, vor allem für den Postverkehr. Da jedoch in den europäischen Ländern im Gegensatz zu den Vereinigten Staaten von Nordamerika der Nachtluftverkehr einen verhältnismäßig geringen Anteil am gesamten Luftverkehr hat, so wird diese Wirkung im europäischen Luftverkehr nur sehr gering sein können.

Ein ganz anderes Bild als die Bodenorganisation, die der Ausgestaltung des Flugnetzes dient, zeigt die Produktion von Verkehrsflugzeugen, wie aus Tabelle 15, die die Luftfahrzeugproduktion in den Vereinigten Staaten von Amerika nach Zahl und Wert angibt, zu ersehen ist. Einem gewaltigen Anstieg im Jahr 1929 folgt ein ungewöhnlich starker Abfall bis zum Jahr 1933. Die Wirtschaftskrise zwang hier zu einer Korrektur des Produktionsprogramms, die allgemein für die Herstellung von Flugzeugen für die Zwecke des öffentlichen und privaten Luftverkehrs besonders heilsam war. Die im Jahr 1929 viel zu früh begonnene Serienherstellung von Flugzeugen wurde abgelöst durch die bessere Durchbildung von Flugzeugen mit möglichst hohen Geschwindigkeiten und möglichst geringem Leistungsbedarf für das Kilogramm Flugzeuggewicht.

Es begann eine starke Besinnung auf die Forderungen, die vom Verkehrsstandpunkt an den Bau von Flugzeugen zu stellen sind. Sie führte

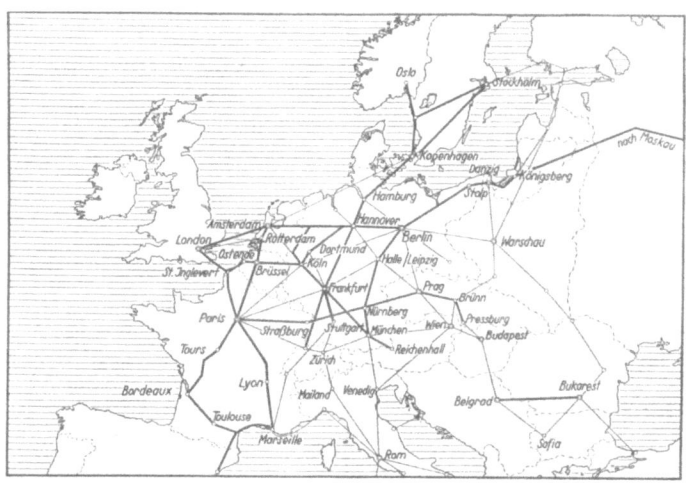

Abb. 7. Die Bodenorganisation des Luftliniennetzes Europas im Jahr 1934. ━━━━ Befeuerte Strecken für Tag- und Nachtverkehr. ──────── Strecken nur für Tagverkehr.

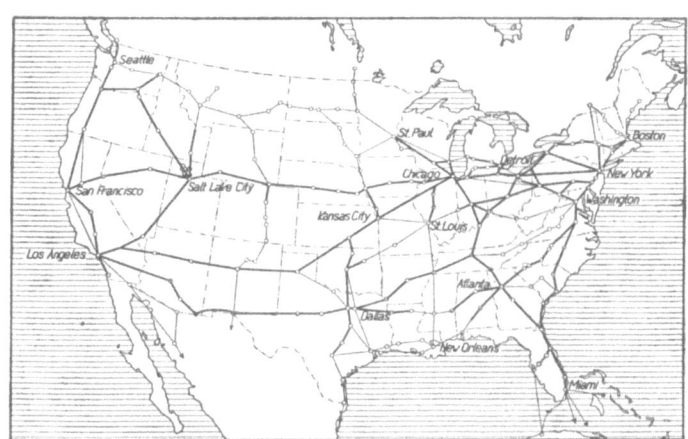

Abb. 8. Die Bodenorganisation des Luftliniennetzes in den Vereinigten Staaten von Amerika im Jahr 1934. ━━━━ Befeuerte Strecken für Tag- und Nachtverkehr. ──────── Strecken nur für Tagverkehr.

zwangsläufig zur Erzielung möglichst hoher Qualität der Flugzeuge. Die serienmäßige Herstellung trat bis auf weiteres in den Hintergrund. Der Markt für Privatflugzeuge hatte durch die Wirtschaftskrise einen besonders starken Stoß erhalten. Der Absatz für Verkehrsflugzeuge konnte mit Unterstützung der Staatsbeihilfen im allgemeinen gehalten werden. In den letzten Jahren wurden in der Hauptsache nur noch Verkehrsflugzeuge hergestellt, deren hohe technische Vervollkommnung auch in der Zunahme des Einheitswertes der Flugzeuge, wie in Tabelle 15 zu erkennen ist, zum Ausdruck kommt.

Der Sinn und das Ziel der technischen Vervollkommnungen im Flugzeugbau war in allen Produktionsländern, jedoch in den Vereinigten Staaten von Amerika in erster Linie, das Bestreben, hohe

Tabelle 14. **Nachtbeleuchtung der Strecken, Funkanlagen und Länge des befeuerten Nachtstreckennetzes**

	Deutschland			England			Frankreich			Ver. Staaten von Amerika		
	1927	1930	1932	1927	1930	1932	1927	1930	1932	1927	1930	1932
1	2	3	4	5	6	7	8	9	10	11	12	13
Nachtbeleuchtung der Strecken ... km	585	1241	2158	—	80	80	—	2188	2690	7150	24400	31200
Zahl der Flugstreckenhauptfeuer einschl. Seefeuer	26	65	87	—	7	8	—	80[1]	91	768	1792	2216
Zahl der Zwischenfeuer	4	12	12	—								
Zahl der befeuerten Flughäfen und Hilfslandeplätze	12	29	39	—	8	9	—	36[1]	41	134	640	701
Flugfernmeldenetz: Netzlänge ... km	2920	4307	4722	—	—	—	—	—	—	—	13450	21600
Zahl der angeschlossenen Stationen	8	68	72	—	—	—	—	—	—	—	—	—
Bodenfunkstellen	14	15	16	5	5	5	17	17	18	19	45	61
Peilstellen	—	13	15	3	3	3	6	17	9	—	39	142
Wetterdienst: Hauptflugwettermeldestellen	65	63	63	54	55	57	73	74	75	—	143	243
Hilfs- und Gefahrenmeldestellen	391	331	399	16	18	28	41	76	102	230	488	526

Quellen: Air Commerce Bulletin, Washington. — Internationales Flughandbuch, Paris 1931.

[1]) Geschätzte Werte.

Fluggeschwindigkeiten zu erzielen, um für den Luftverkehr im Wettbewerb mit den übrigen Verkehrsmitteln einen stärkeren Anreiz zu seiner Benützung zu geben. Diesem verkehrswirtschaftlich durchaus richtigen Grundsatz wurde wertvolle Entwicklungsarbeit gewidmet, die schließlich im Jahr 1932 die technischen Voraussetzungen für den Schnellverkehr in der Luft schuf[2]).

Tabelle 15. **Luftfahrzeugproduktion nach Zahl und Wert in den Vereinigten Staaten von Amerika**

Jahr	Militärflugzeuge		Zivilflugzeuge	
	Anzahl	Wert in RM	Anzahl	Wert in RM
1	2	3	4	5
1927	621	31600000	1565	29300000
1928	1219	80000000	3542	72200000
1929	677	45500000	5357	131500000
1930	747	45100000	1937	45200000
1931	812	54500000	1582	28000000
1932	593	43600000	549	19800000
1933	466	41000000	591	25900000

Quelle: Aircraft Year Book 1933 und 1934.

In welcher Fortschrittszeit diese technische Verbesserung für Landflugzeuge und Seeflugzeuge erzielt wurde, zeigt Tabelle 16. Bis zum Jahre 1930 ändern sich die Höchst- und Betriebsgeschwindigkeiten kaum, um sich dann bei den Landflugzeugen in wenigen Jahren um 50—60% zu steigern. Bei den Seeflugzeugen ist die Erhöhung zunächst nicht so dringend, da sich im Überseeverkehr das Flugzeug einem verhältnismäßig langsam konkurrierenden Verkehrsmittel gegenübersieht. Beurteilen wir diese Geschwindigkeitssteigerung im Verhältnis zur Wirtschaftskrise, so dürfte mit Recht gesagt werden, daß die Wirtschaftskrise diese verkehrsmäßig günstige Entwicklung im Flugzeugbau beschleunigt, wenn nicht sogar erzwungen hat. Für den Luftverkehr selbst wurde sie zwar noch nicht praktisch wirksam, vor allem nicht in Europa, da erst in den späteren Jahren Schnellflugzeuge in größerer Zahl im planmäßigen Luftverkehr eingesetzt werden konnten. Für die Zeitperiode

---

[2]) „Der Schnellverkehr in der Luft und seine Stellung im neuzeitlichen Verkehrswesen", Heft 8 der Forschungsergebnisse des Verkehrswissenschaftl. Instit. f. Luftfahrt, Berlin 1935.

IV. Die technische, betriebliche und organisatorische Entwicklung des Luftverkehrs 23

Tabelle 16. **Höchstgeschwindigkeit und Nutzladefähigkeit von Luftfahrzeugen im planmäßigen Luftverkehr Europas und der Vereinigten Staaten von Amerika**

Jahr	Land	Baumuster	Fluggewicht t	Nutzladefähigkeit t	Verfügbare Passagierplätze	Leistung PS	Höchstgeschwindigkeit km/h	Betriebsgeschwindigkeit km/h
1	2	3	4	5	6	7	8	9
I. Landflugzeuge								
1927	Frankreich	S.E.C.M. 150	7,30	1,96	—	1200	235	190
	U.S.A.	Mohme Sup. Mon.	1,17	0,21	2	225	233	185
1928	Frankreich	S.E.C.M. 150	7,30	1,96	—	1200	235	190
	U.S.A.	Columbia Ch	1,67	0,38	4	200	260	210
1929	Frankreich	Latécoère Laté 28	4,04	0,85	8	500	240	215
	U.S.A.	Lockheed Aircraft: Air Express	1,73	0,36	4	410	275	218
1930	Frankreich	Latécoère Laté 28	4,04	0,85	8	500	240	215
	U.S.A.	Lockheed Aircraft: Air Express	1,73	0,36	4	410	275	218
1931	Frankreich	Latécoère 35	5,87	1,00	10	1200	250	200
	U.S.A.	Orion	2,36	0,60	6	550	360	320
1932	Schweiz	Orion	2,36	0,60	6	550	360	320
	U.S.A.	Orion	2,36	0,60	6	550	360	320
1933	Deutschland	Heinkel He 70	3,35	0,40	4—5	630	377	323
	U.S.A.	Orion	2,36	0,60	6	550	360	320
II. Seeflugzeuge								
1927	Deutschland	Dornier Superwal b	12,60	1,90	19	2000	220	180
	U.S.A.	Sikorsky S 36 B 1	3,45	0,80	8	400	185	161
1928	Deutschland	Dornier Superwal b	12,60	1,90	19	2000	220	180
	U.S.A.	Fairchild Airpl. FC — 2 W 2 Sea	2,34	0,51	5	425	209	177
1929	Deutschland	Dornier Superwal b	12,60	1,90	19	2000	220	180
	U.S.A.	Fairchild Airpl. FC — 2 W 2 Sea	2,34	0,51	5	425	209	177
1930	Deutschland	Dornier Superwal b	12,60	1,90	19	2000	220	180
	U.S.A.	Fairchild Airpl. FC — 2 W 2 Sea	2,34	0,51	5	425	209	177
1931	Deutschland	Dornier Superwal b	12,60	1,90	19	2000	220	180
	U.S.A.	Fairchild Airpl. FC — 2 W 2 Sea	2,34	0,51	5	425	209	177
1932	Deutschland	Dornier Superwal b	12,60	1,90	19	2000	220	180
	U.S.A.	Sikorsky S 40	15,44	3,95	31	2300	220	187
1933	Deutschland	Junkers Ju 52/3 m	9,2	1,60	14—17	1650	267	230
	U.S.A.	Sikorsky S 40	15,44	3,95	31	2300	220	187

1927—1933 hat sich die Betriebsgeschwindigkeit der Flugzeuge der Luftverkehrsgesellschaften im Durchschnitt nur wenig geändert, so daß von ihr aus kein irgendwie ins Gewicht fallender günstiger Faktor für den Luftverkehr in der Zeit des wirtschaftlichen Tiefstandes abzuleiten ist. Die Früchte der Umstellung auf schnellere Flugzeuge blieben den nachfolgenden Jahren vorbehalten.

Während die Wirtschaftskrise eine Steigerung der Fluggeschwindigkeiten zur Verbesserung der Verkehrsleistungen im Luftverkehr einleitete, ist sie in bezug auf die Erhöhung der Nutzladefähigkeit der Flugzeuge in hemmendem Sinn wirksam gewesen. Tabelle 16 zeigt, daß der sehr starken Steigerung der Höchstnutzladefähigkeit in den Jahren 1927—1929 keine nennenswerte weitere Steigerung gefolgt ist. Bereits für die Luftverkehrsbedürfnisse zur Zeit des wirtschaftlichen Aufstiegs vor 1929 war die höchste Nutzladefähigkeit der Flugzeuge zweifellos zu groß und durch keine verkehrswirtschaftlichen Überlegungen gerechtfertigt. Der wirtschaftliche Rückschlag hat den Sinn für eine zweckmäßige, den verhältnismäßig geringen Verkehrsbedürfnissen im Luftverkehr entsprechende Bemessung der Nutzladefähigkeit geschärft und den Wert kleinerer Ladefähigkeit als die des Höchstmaßes vom Jahr 1929 erkennen lassen. Es wurde der verkehrswirtschaftlich wesentlich richtigere Weg beschritten, nicht durch Erhöhung der Nutzladefähigkeit, sondern zunächst durch Vermehrung der Verkehrsgelegenheiten stärkeren Anreiz für den Luftverkehr zu schaffen. Erst wenn das Verkehrsbedürfnis wesentlich

Konjunktur und Luftverkehr

zunimmt, kann an eine zweckmäßige Erhöhung der Nutzladefähigkeit gedacht werden, die im allgemeinen bei genügender Auslastung durch zahlende Last auch geringere Einheitskosten für den angebotenen tkm mit sich bringt und geeignet ist, den Luftverkehr wirtschaftlicher zu gestalten.

Auch in diesem Punkte hat daher die Wirtschaftskrise günstig gewirkt und eine Entwicklung verhütet, die eine Überzüchtung der Flugzeuge in bezug auf die Nutzladefähigkeit im Gefolge haben mußte. Aus der Tabelle 17 ersehen wir die durchaus richtige Materialpolitik der meisten Luftverkehrsgesellschaften, bei denen die durchschnittliche Nutzladefähigkeit im Flugzeug weit hinter den Höchst-

Tabelle 17. **Flugzeugpark der Luftverkehrsgesellschaften Europas im Jahr 1932**

Land	Zahl der eingetragenen Flugzeuge		Planmäßiger Verkehr (Durchschnittswerte)								
	Gesamt	% davon im planmäßigen Verkehr	Gesellschaft	Flugzeugpark	Fluggewicht je Maschine kg	Nutzladefähigkeit je Maschine kg	Nutzladefähigkeit je PS kg/PS	Sitzplätze je Maschine	PS je Maschine	Betriebsgeschwindigkeit je Maschine km/Std.	Wöchentl. Streckenleistung je Maschine km je Woche
1	2	3	4	5	6	7	8	9	10	11	12
Deutschland	1031	17,3	Deutsche Lufthansa	147	4200	686	1,25	7,8	547,9	157	1550
			Deutsche Verkehrsflug	19	1400	458	3,08	4,3	148,4	124	1935
			Deruluft	12	4150	660	1,06	8,35	625,0	162	3860
Belgien	159	24,5	Sabena	26	4650	920	1,42	9,1	650	159	1470
			Sabena de Congo	13	4680	1090	1,61	9,3	680	154	
Dänemark	12	41,6	D.D.L.	5	3060	695	1,86	6,8	373	159	885
Finnland	17	23,5	Aero O.Y.	4	5490	855	1,08	8,75	793,7	179	—
Frankreich	1600	16,2	S.G.T.A. Farman	23	3760	805	1,49	7,1	541,4	164	710
			Cidna	25	3400	768	1,29	8,15	596,0	167	1020
			Air Orient	31	4900	790	1,05	7,45	750,5	160	795
			Aéropostale	82	3760	600	1,14	4,3	538,2	158	645
			Aéropostale (Südamerikadienst)	58	3250	438	0,98	3,3	458,6	157	300
			Air Union	40	3950	675	0,93	6,55	730,7	177	1165
Griechenland	—	—	S.H.C.A.	4	6480	1040	1,15	13,0	900,0	150	2220
England	981	3,0	Imperial Airways	35	10000	2130	1,38	20,6	1541,4	152	1560
Italien	578	14,2	Sana	14	7250	1060	0,87	12,3	1214,3	176	2360
			Sam	27	4000	720	1,10	7,1	1650,9	162	1670
			Sisa	11	5700	740	1,03	8,36	718,2	150	1520
			Avio Linee	8	5000	1000	1,33	10,0	750,0	152	1340
			S.A. Aero Espresso	16	8600	1470	1,56	15,5	943,7	172	520
			Nord-Africa Av.	4	5080	1000	1,19	12,0	840,0	164	1600
Niederlande	61	70,5	K.L.M.	35	5500	1020	1,17	9,9	871,9	168	1890
			K.N.I.L.M.	8	5600	1150	1,39	10,7	828,7	159	1290
Österreich	58	17,3	Austroflug	10	3500	605	1,11	7,8	542,5	156	2270
Polen	125	22,4	Lot	28	3340	685	1,57	7,3	436,4	155	1310
Rumänien			Lares	8	2760	520	1,29	5,87	401,2	150	1315
Schweden	22	31,8	A.B.A.	7	5500	805	0,95	8,56	853,6	164	2620
Schweiz	79	19,0	Swissair	12	3780	805	1,22	7,74	661,7	174	2400
			Alpar	3	1680	430	2,20	3,0	196,6	151	1910
Spanien	82	11,0	L.A.P.E.	9	5250	940	1,12	10,0	837,7	163	1440
Südslawien	9	100,0	Aeropout	9	1470	380	0,95	5,33	402,8	173	800
Tschechoslowakei	138	19,6	C S.A.	14	3420	725	1,64	6,7	439,3	159	1460
			Avioslava	13	4300	855	1,45	8,76	590,7	150	1150
Ungarn	73	8,2	Malert	6	4500	1180	1,68	10,6	675,0	150	2120

Quelle: The Journal of the Royal Aeronautical Society, May 1933, Nr. 269.

IV. Die technische, betriebliche und organisatorische Entwicklung des Luftverkehrs 25

werten der Tabelle 16 zurückgeblieben ist mit nur einer einzigen Ausnahme der englischen Luftverkehrsgesellschaft. Für diese lagen allerdings besondere Verhältnisse vor. Sie konnte für ihren starken Personenverkehr auf der kombinierten Land- und Seestrecke zwischen London und Paris zur Befriedigung der hier vorhandenen größten Luftverkehrsbedürfnisse Europas berechtigterweise eine Nutzladefähigkeit wählen, die mehr als doppelt so groß ist als der Durchschnitt bei den anderen europäischen Gesellschaften. Sie verband damit noch den besonderen Vorzug, den Flugreisenden einen besonders bequemen Aufenthalt im Flugzeug während des Fluges zu bieten. Im ganzen gesehen hat die Entwicklung der Nutzladefähigkeit kein Moment in den Luftverkehr hineingetragen, das bei den Konjunkturschwankungen der Wirtschaft von günstigem oder ungünstigem Einfluß auf den Luftverkehr gewesen wäre. Sie war und blieb eine innere Angelegenheit der Luftverkehrsgesellschaften.

Die betriebliche Leistungsfähigkeit im Luftverkehr ist eine wesentliche Voraussetzung für die Verkehrsleistungen, die der Luftverkehr zur Befriedigung der sich ihm zuwendenden Verkehrsbedürfnisse anzubieten hat. Sie ist abhängig von einer zweckmäßigen Flugplangestaltung, von dem richtigen Einsatz des Flugzeugparks und von der Zuverlässigkeit des Flugzeugpersonals und des Flugsicherungspersonals.

Um ein Bild über die zweckmäßige Flugplangestaltung in den Jahren 1927—1933 zu erhalten, ist in Tabelle 18 der Versuch gemacht, die planmäßig beflogenen Luftverkehrslinien nach Ver-

Tabelle 18. **Entwicklung der Luftverkehrsverbindungen im vorwiegend Landes- und Kontinentalverkehr sowie im vorwiegend Transkontinentalverkehr in den einzelnen Erdteilen**

Erdteil	Jahr	Vorwiegend Landes- und Kontinentalverkehr		Vorwiegend Transkontinentalverkehr	
		km	%	km	%
1	2	3	4	5	6
Europa	1927	38 450	77,0	11 540	23,0
	1928	49 860	76,4	15 240	21,4
	1929	50 960	75,0	17 070	25,0
	1930	46 680	70,5	19 640	29,5
	1931	62 000	72,7	23 300	27,3
	1932	54 690	67,3	26 600	32,7
Amerika (Nord- und Südamerika)	1927	10 650	62,2	6 430	37,8
	1928	36 920	67,8	17 500	32,2
	1929	50 060	55,6	39 840	44,4
	1930	84 840	61,0	54 080	39,0
	1931	72 870	51,8	67 860	48,2
	1932	64 810	48,3	69 400	51,7
Afrika	1927	400	8,6	4 560	91,4
	1928	3 410	39,3	5 260	60,7
	1929	4 440	45,7	5 260	54,3
	1930	4 540	30,6	10 300	69,4
	1931	5 610	32,4	11 710	67,6
	1932	7 550	30,8	16 930	69,2
Asien	1927	6 840	100,0	—	—
	1928	7 950	63,1	4 640	36,9
	1929	16 070	68,2	7 490	31,8
	1930	16 630	37,2	28 110	62,8
	1931	37 690	57,3	28 110	42,7
	1932	39 810	52,2	36 430	47,8
Australien	1927	1 500	27,8	3 900	72,2
	1928	1 700	30,4	3 900	69,6
	1929	1 100	12,2	7 900	87,8
	1930	3 740	32,1	7 900	67,9
	1931	4 370	35,5	7 900	64,5
	1932	4 620	36,9	7 900	63,1
Insgesamt	1927	57 840	68,5	26 430	31,5
	1928	99 840	68,2	46 540	31,8
	1929	122 630	61,2	77 560	38,8
	1930	156 430	56,5	120 030	43,5
	1931	182 540	56,8	138 880	43,2
	1932	171 480	52,2	157 260	47,8

bindungen für vorwiegend Landes- und Kontinentalverkehr und vorwiegend Transkontinentalverkehr zu scheiden. Ausgehend von den Raumverhältnissen Europas wurden dem Land- und Kontinentalverkehr vorwiegend solche Verbindungen zugezählt, die durchgehend oder unter Benutzung unmittelbaren Anschlusses den Verkehrsinteressenten Gelegenheit gaben, Strecken unter 1500 km auf dem Luftwege zurückzulegen. Das Maß 1500 km wurde gewählt, weil es für europäische Verhältnisse die kontinentalen Luftverbindungen nach oben begrenzt. Es ist richtig, daß diese Entfernung bei den meisten anderen Erdteilen für den Begriff der kontinentalen Luftverkehrsverbindung nicht ausreicht. Trotzdem soll sie auch für sie zugrunde gelegt werden, um einen einheitlichen Vergleichsmaßstab zu erhalten. Es spricht auch allgemein für dieses Maß der Umstand, daß auf 1500 km durchweg eine Tagesetappe zurückgelegt werden kann und ein über eine Tagesetappe hinausgehender Flug mindestens zu den Langstreckenflügen gerechnet werden muß, wie sie der Transkontinentalverkehr grundsätzlich erfordert. Alle flugplanmäßigen Flugverbindungen, die auf Entfernungen von 1500 km und mehr hinausgehen, sind zu dem vorwiegend Transkontinentalverkehr gerechnet.

Gliedert man nach diesen beiden Gesichtspunkten die Luftverkehrsverbindungen der verschiedenen Erdteile, so erhalten wir, verkehrsräumlich gesehen, das in Tabelle 18 enthaltene Bild über die planmäßigen Flugverbindungen im vorwiegend Landes- und Kontinentalverkehr und im vorwiegend Transkontinentalverkehr. Es gestattet die Frage zu beantworten, wie weit der Luftverkehrsbetrieb sich dem wichtigen verkehrswirtschaftlichen Gesichtspunkt, über möglichst große Entfernungen die Vorzüge der Schnelligkeit im Luftverkehr auszunutzen, angepaßt hat. Vergleichen wir die Entwicklung in den Jahren 1927—1933 für die verschiedenen Erdteile, so erkennen wir die immer mehr zunehmende Einrichtung von Luftverkehrsverbindungen für den Transkontinentalverkehr, während wir im Landes- und Kontinentalverkehr einen Rückgang feststellen können. Abgesehen von den weniger wichtigen Erdteilen Afrika und Australien, die als Nebenschauplatz im Weltluftverkehr anzusehen sind, ist der Anteil der Luftverkehrsverbindungen auf Strecken von 1500 km und mehr am Gesamtluftverkehr der einzelnen Erdteile immer größer, der Anteil der Luftverkehrsverbindungen unter 1500 km dagegen geringer geworden.

Diese Entwicklungsrichtung erstreckt sich auch in die Zeit des Abstiegs der Allgemeinwirtschaft. Auch hier wird die Not und der Zwang zu wirtschaftlicher Arbeit nicht ohne Einfluß auf diese als durchaus gesund zu bezeichnende Entwicklung im Luftverkehr gewesen sein. **Sie wird zur Folge gehabt haben, daß der Anreiz zur Benützung des Luftwegs erheblich gestärkt worden ist, so daß durch die Flugplangestaltung eine dem Wirtschaftsabstieg entgegengesetzte Richtung in der Steigerung des Luftverkehrs verursacht wurde. Hier haben demnach betriebliche Verbesserungen verkehrswerbend für den Luftverkehr trotz rückläufiger Wirtschaftskonjunktur gewirkt.**

Hierbei entsteht jedoch noch die Frage, ob nicht durch eine Steigerung des Wettbewerbsfaktors ein weiterer Anreiz für die Vermehrung der Luftverkehrsbedürfnisse gegeben worden ist. Im Heft 4 der Forschungsergebnisse war der Begriff des Wettbewerbsfaktors dahin formuliert, daß er das Verhältnis der Summe der Fluglinien der Gesellschaften zu dem Liniennetz des Landes oder Erdteils, in dem die Gesellschaften tätig sind, angibt oder, mit anderen Worten, Aufschluß darüber gibt, wieviele Linien anteilmäßig von mehreren Gesellschaften beflogen werden. Auf Grund der bereits in dieser Abhandlung früher gegebenen Tabelle 12, in dem der Wettbewerbsfaktor für die Jahre 1927—1933 berechnet ist, hat sich dieser Faktor nur unwesentlich geändert. Vor allem hat er in den Hauptentwicklungszentren, Europa und den Vereinigten Staaten von Amerika, für den gesamten Zeitraum ein fast gleiches Maß gehalten. Es kann daher geschlossen werden, daß von dieser Seite kein das Luftverkehrsbedürfnis günstig osder ungünstig beeinflussendes Moment ausgegangen ist.

Diese Feststellung führt uns nun aber unmittelbar zu der Frage, wie sich die Netzgröße, die Betriebsleistungen und die Zahl der Luftverkehrsgesellschaften in den einzelnen Erdteilen entwickelt haben. Tabelle 19 gibt hierüber Aufschluß. **Trotz Wirtschaftsrückgang hat sich in allen Erdteilen die Netzlänge der Luftverkehrsunternehmungen mehr oder weniger vergrößert. Ebenso haben die Flug-km zugenommen.** Wieweit diesen Veränderungen eine größere Betriebs- und Verkehrsdichte entsprochen hat, wird später untersucht werden.

IV. Die technische, betriebliche und organisatorische Entwicklung des Luftverkehrs

Wie die in der Tabelle 19 angegebenen Netzgrößen des Jahres 1932 sich auf die verschiedenen Luftverkehrsgesellschaften verteilen, zeigt Tabelle 20. Abgesehen von Rußland haben sich organisatorisch im Vergleich zu den übrigen Verkehrsmitteln die Netzgrößen der Verkehrsgesellschaften in zweckmäßigen Grenzen gehalten. Es kann bei keiner Gesellschaft gesagt werden, daß die Größe des Netzes sowie der Umfang des Flugzeugparks und damit des gesamten Flugbetriebs etwa von der Zentralstelle nicht genügend übersehen oder geleitet werden konnte. Es ist dies auch aus dem Umstand abzuleiten, daß die höheren Flug-km-Leistungen im Jahr zum Teil durch eine bessere Ausnutzung des Flugzeugparks erzielt werden konnte, wie aus Tabelle 21 zu ersehen ist. Allerdings ist das Bild nicht ganz einheitlich, so daß weitere Schlüsse aus ihm kaum gezogen werden können, zumal im Jahr 1932 bei vielen Gesellschaften eine Umgestaltung des Flugzeugparks auf leistungsfähige Einheiten vorgenommen wurde und damit der Flug-km sich in seinem Wert änderte. Allgemein ist jedoch bei den Zahlen der Tabelle 21 interessant, daß die Vereinigten Staaten von Amerika stets in weitem Vorsprung vor allen übrigen Ländern gelegen haben, weil der fast unvermindert durchgehende Sommer- und Winterverkehr und die Langstrecken und zum Teil auch die Betriebsdichte auf den Strecken eine bessere Ausnutzung des Flugzeugparks gestatteten.

Die richtige Bemessung des Flugpersonals ist wichtig für die Sicherheit im Luftverkehr. Deshalb interessiert uns an dieser Stelle, wie im Durchschnitt die Flugzeuge mit Piloten, Bordfunkern und Monteuren besetzt sind. Hierüber gibt Tabelle 22 für das Jahr 1932 Aufschluß. Durchweg die Hälfte der Flugzeuge sind in Europa mit Piloten, Bordfunkern und Bordmonteuren besetzt, so daß für sie eine wertvolle Arbeitsteilung in der Führung und in der Sicherung der Flugzeuge vorgesehen ist. Eine so weitgehende Arbeitsteilung liegt in Amerika nicht vor, da hier die Aufgaben des Bordfunkers im wesentlichen durch den Piloten erledigt werden. Die Personalbesetzung ist demnach der Entwicklung der Methoden der Flugsicherung gefolgt und gewährleistete die Sicherheit im Luftverkehr nach dem Stand der technischen Entwicklung, die wir an anderer Stelle als günstig für den Luftverkehr ansprechen konnten.

Wie im Vergleich zu den Landverkehrsmitteln die durchschnittliche Jahresleistung von Fahrzeugen und Fahrzeugführern im Luftverkehr gelagert ist, zeigt Tabelle 23. Bei nahezu gleicher Jahresleistung der Fahrzeuge beträgt die durchschnittliche Jahresleistung der Piloten in Flugstunden nur 30—50% der Fahrstunden der Fahrzeugführer bei Landverkehrsmitteln. Dieser große Unterschied kennzeichnet die Beanspruchung des Flugpersonals zur sicheren Führung des Flugzeugs und gibt

Tabelle 19. Netzgröße und Flugkilometer der Luftverkehrsunternehmungen der Erdteile

Erdteil	Netzlänge (1000 km)								Flug-km (1000 km)						
	1927	1928	1929	1930	1931	1932	1933		1927	1928	1929	1930	1931	1932	1933
1	2	3	4	5	6	7	8		9	10	11	12	13	14	15
Europa	68,2	106,7	135,3	153,0	196,7	200,4	195,7		24020	29752	36142	41395	40689	46118	48722
Amerika gesamt	19,9	48,1	95,5	119,2	123,2	123,4	123,6		11873	21434	48290	71226	86371	90464	96884
Nordamerika	15,0	30,3	69,4	90,8	90,5	86,0	84,6		10988	17670	41238	61920	77970	82980	88750
Mittelamerika	1,3	1,3	2,4	4,8	6,7	9,3	11,3		—	1171	3052	3764	2954	1970	2500
Südamerika	3,6	16,5	23,7	23,6	26,0	28,1	27,7		885	2593	4000	5542	5447	5514	5634
Afrika	2,4	3,5	5,9	6,3	7,7	8,5	9,3		188	264	358	515	602	734	1444
Asien	2,7	5,5	8,8	11,3	16,2	16,6	25,8		1062	1468	3068	3957	4610	4049	5394
Australien	5,4	5,4	8,4	12,8	14,2	9,9	12,0		554	665	1100	2050	1627	1380	1630
insgesamt									37697	53583	88958	119143	133899	142745	154073

Anmerkung: Alle russischen Linien in Asien sowie alle englischen, niederländischen und französischen Transkontinental- und Transozeanlinien sind zu Europa gerechnet, da der Sitz der Unternehmungen in Europa ist.

Tabelle 20. **Charakteristik der Betriebsgrößen verschiedener Luftverkehrsgesellschaften im Jahr 1932**

Land	Name der Luftverkehrsgesellschaft	Netzgröße (1000 km)	Anzahl der Flugzeuge	Anzahl der Piloten
1	2	3	4	5
Europa				
Deutschland	Deutsche Lufthansa	21,58	147	103
	Deutsche Verkehrsflug	1,78	19	15
	Deruluft	2,74	12	10
Belgien	Sabena	2,49	32	14
Dänemark	D.D.L.	1,90	5	3
Finnland	Aero O.Y.	1,18	4	4
Frankreich	Aéropostale	17,00	140	46
	Air Orient	12,29	31	18
	Air Union	4,00	40	30
	Cidna	5,92	25	21
	S.G.T.A. Farman	3,17	23	8
Griechenland	S.H.C.A.	0,72	4	8
England	Imperial Airways (gesamt)	18,80	35	66
	Europadienst	1,42		
	Indien- und Afrikastrecke	17,38		
Italien	Sam	6,65	27	29
	Sisa	1,40	11	7
	S.A. Aero Espresso	2,62	16	10
	Avio Linee	2,87	8	5
	Sana	5,60	14	24
	Adria Aero Lloyd	0,43	7	4
Niederlande	K.L.M. (gesamt)	15,94	35	31
	Europadienst	1,87	27	24
	Indiendienst	14,07	8	7
Österreich	Austroflug	4,31	9	10
Polen	Lot	5,67	28	20
Rumänien	Lares	1,10	8	7
Rußland	W.O.G.W.F.	45,00		
Schweden	A.B. Aerotransport	1,94	11	8
Schweiz	Swissair	4,25	12	8
	Alpar	0,30	3	4
Spanien	L.A.P.E.	0,92	9	8
Tschechoslowakei	C.S.A.	1,67	13	6
	Avioslava	1,67	14	8
Ungarn	Malert	1,23	6	15
Jugoslawien	Aeropout	1,24	9	4
Amerika				
Vereinigte Staaten	American Airways	14,20		
	United Air Lines	10,18		
	Transcontinental & Western Air	5,38		
	Pan American Airways	24,50		
	Western Air Express	2,85	655	690
	Eastern Air Transport	3,61		
	Northwest Airways	2,61		
	Ludington Lines	0,57		
Canada	Canadian Airways	8,10	37	35
Bolivien	Bol. Aero Lloyd	2,63	10	
Brasilien	Condor Syndicat	10,33	7	
Columbien	Scadta	5,10	20	12
Asien				
Niederländisch-Indien	K.N.I.L.M.	4,39	8	7
Afrika				
Kongo	Sabena de Congo	2,88	13	11
Südafrika	Union Airways	3,18		
Südwestafrika	S.W.A. Airways	2,76	5	3
Australien	West Australian Airways	5,67	10	5
	Quantas	2,47	8	6
	Larkin Aircraft	0,77	2	1

andererseits einen Anhalt dafür, daß zu Zeiten der Wirtschaftskrise eine betriebswidrige Ausnutzung des Flugpersonals von den Luftverkehrsgesellschaften etwa im Sinne einer falschen Sparsamkeit nicht anzunehmen ist. Auch dieser Umstand dürfte für die Sicher-

IV. Die technische, betriebliche und organisatorische Entwicklung des Luftverkehrs

heit im Luftverkehr nicht ohne günstige Auswirkung geblieben sein.

Die organisatorische Entwicklung in bezug auf die Zahl, Größe und Form der Luftverkehrsunternehmungen zeigt in den Entwicklungszellen des Weltluftverkehrs, Europa und den Vereinigten Staaten von Amerika, eine grundsätzlich andere Tendenz als in den übrigen Erdteilen. Während nach Tabelle 24 in Europa und den Vereinigten Staaten von Amerika das Bestreben vorherrscht, möglichst große Gesellschaften zu bilden und so eine Konsolidierung des Luftverkehrs zu erzielen, ist in den meisten übrigen Erdteilen ein umgekehrter Vorgang festzustellen.

Dieser Unterschied erklärt sich in erster Linie aus der zeitlichen Phasenverschiebung im Aufbau der Luftliniennetze, der in Europa und den Vereinigten Staaten von Amerika in den Jahren 1927—1933 sich immer mehr loslöste von dem ungesunden Streben nach Einrichtung immer neuer Luftverkehrsgesellschaften, in den übrigen Erdteilen dagegen ihm noch bei der Jungfräulichkeit des Luftverkehrs stark unterworfen war. Vielfach kam bei letzteren auch die Abneigung gegen fremde Luftverkehrsunternehmungen zur Geltung, die zur Gründung eigener nationaler Luftverkehrsgesellschaften mit meist unbedeutendem verkehrswirtschaftlichen Hintergrund führte. Es kennzeichnet die starke, nach allen Erdteilen ausgreifende Ausdehnung der Luftverkehrslinien europäischer Luftverkehrsunternehmungen, wenn wir feststellen können, daß auf eine europäische Luftverkehrsunternehmung im Durchschnitt fast dreimal so viel Netzlänge entfällt, als auf eine Luftverkehrsunternehmung in den Vereinigten Staaten von Amerika. Zweifellos hat diese straffe Zusammenfassung im Luftverkehr in möglichst große Einheitsnetze betriebswirtschaftliche Vorzüge in der Krisenzeit der Wirtschaft mit sich gebracht, auf die bereits als besonders verkehrswerbende Erscheinung hingewiesen wurde. Dabei war im

Tabelle 21. Ausnutzung der Flugzeugparks im Betrieb

Land	Gesellschaft	Flugzeugpark							Flug-km/Flugzeug/Jahr							Flug-Std./Flugzeug/Jahr							
		1927	1928	1929	1930	1931	1932	1933	1927	1928	1929	1930	1931	1932	1933	1927	1928	1929	1930	1931	1932	1933
		3	4	5	6	7	8	9	10	11	12	13	14	15	16	17	18	19	20	21	22	23
Deutschland	Deutsche Lufthansa	197	197	191	152	152	147	152	55000	61000	55000	61600	59000	53000	58600	440	470	393	420	381	331	345
Belgien	Sabena	26	—	15	—	29	32	32	68700	—	23000	—	31600	35000	33800	528	—	164	—	200	218	198
Dänemark	D.D.L.	5	5	4	4	5	5	8	37600	29600	38500	47300	41800	49000	27700	289	219	275	322	269	306	163
Frankreich	Aéropostale	—	125	193	243	121	140	220[1]	—	23600	18200	14700	28700	24900	45400[1]	—	175	130	100	185	155	267[1]
	Air Union	23	40	50	54	47	40	40	51500	33500	36800	39600	48500	64300	—	396	248	283	270	313	402	—
England	Imperial Airways	—	—	23	34	41	35	28	—	—	83000	52200	53000	81000	79000	—	—	592	357	342	506	465
Italien	S.A. Mediterranea	—	28	11	12	15	27	16	—	2560	22900	60900	44700	67500	59500	—	18	159	402	286	395	332
	Sana	26	26	15	16	15	14	39	—	20900	69800	82300	84700	83300	77000	—	143	476	503	571	550	500
Niederlande	K.L.M.	22	26	24	24	31	36	9	60000	62000	83000	71000	84000	89000	96000	370	390	517	430	508	500	550
Österreich	Austroflug	—	—	10	10	9	9	30	—	—	69500	72800	73500	58000	61000	—	—	497	502	474	362	359
Polen	Lot	26	—	20	—	27	28	5	—	—	66600	—	52600	42500	58000	—	—	476	—	339	266	341
Schweden	A.B. Aerotransport	—	8	6	7	9	11	33	—	26600	34000	41700	38500	37500	118000	—	197	243	284	248	234	590
Tschechoslowakei	Avioslava	—	—	16	—	19	14	—	—	—	30400	—	30000	39000	29400	—	—	217	—	193	244	173
Vereinigte Staaten von Amerika	Gesamt	144	294	619	685	720	655	615	—	51800	64800	99000	105000	119000	143000	—	398	463	683	678	661	715
Bolivien	Bol. Aero Lloyd	5	5	7	—	5	10	—	12000	30000	27400	—	47000	34600	—	93	234	190	—	303	216	—
Australien	West Australien Airways	—	13	10	—	10	10	11	—	56500	—	—	57400	50600	—	—	—	365	—	326	370	330
	Quantas	—	10	8	—	5	8	7	—	50500	—	—	31200	36000	—	—	—	—	—	—	200	230

[1] Air France.

Quelle: The Journal of the Royal Aeronautical Society 1933.

Konjunktur und Luftverkehr

Tabelle 22. **Charakteristik des Flugpersonals der europäischen Luftverkehrsgesellschaften im Jahr 1932**

Land	Gesellschaft	Flugpersonal			
		Piloten	Bordmonteure	Bordfunker	Gesamt
1	2	3	4	5	6
Belgien	Sabena	14	6	7	27
	Sabena de Kongo	5	6	—	11
Dänemark	Det Danske Luftfart Selskab	3	4	—	7
Deutschland	Deutsche Lufthansa	103	56	58	217
	Deruluft	10	11	—	21
	Deutsche Verkehrsflug	15	—	—	15
Finnland	Aero O. Y.	4	5	2	11
Frankreich	S. G. T. A. Farman	8	—	6	14
	Cidna	21	—	11	32
	Air Orient	18	18	17	53
	Aéropostale (Europadienst)	46	10	23	79
	Air Union	30	18	14	62
Griechenland	S. H. C. A.	8	3	5	16
Großbritannien	Imperial Airways	35	12	19	66
Italien	Sana	24	15	12	51
	Mediterranea	29	18	11	58
	Sisa	7	7	5	19
	Avio Linee	5	4	4	13
	Aero Expresso	10	7	4	21
	Nord-Africa Aviazione	4	4	4	12
Niederlande	K. L. M.	31	22	15	68
	K. N. I. L. M.	7	9	—	16
Österreich	Austroflug	10	3	5	18
Polen	LOT	20	5	4	29
Rumänien	Lares	7	6	3	16
Schweden	A. B. A.	8	12	2	22
Schweiz	Swissair	8	7	8	23
	Alpar	4	2	—	6
Spanien	L. A. P. E.	8	8	6	22
Südslawien	Aeropout	4	8	—	12
Tschechoslowakei	C. S. A.	8	—	4	12
	Avioslava	6	6	—	12
Ungarn	Malert	15	10	5	30
Vereinigte Staaten von Amerika	Gesamt	503	248	—	751

Jahr 1933 in Europa noch nicht der Zusammenschluß der italienischen Luftverkehrsgesellschaften zu einer nationalen Einheitsgesellschaft durchgeführt. Er wurde erst im Jahr 1934 verwirklicht und verstärkte die Stoßkraft der europäischen Luftverkehrsunternehmungen in wesentlichem Maße.

Im übrigen änderte sich die **Zahl der Luftverkehrsunternehmungen** in Europa und Amerika nur unwesentlich. Sie zeigt in der Zeit der wirtschaftlichen Krise eher eine gewisse abnehmende Tendenz. Nur im englischen Luftverkehr erleben wir im Jahr 1933 eine bemerkenswerte Zunahme der Luftverkehrsgesellschaften, die dem inneren englischen Luftverkehr dienen. Diese organisatorische Entwicklung im englischen Luftverkehr entspricht nicht dem Grundsatz einer möglichst straffen Zusammenfassung des Luftverkehrs in einem Land, besonders aber in einem solchen von der geringen Ausdehnung Großbritanniens. Sie ist der Ausdruck des in England stets lebendig gewesenen Strebens, im Verkehrswesen durch möglichst starken Wettbewerb verschiedener Verkehrsgesellschaften die besten und billigsten Transportbedingungen für die Allgemeinheit zu erhalten. Nach den Erfahrungen in fast allen anderen Ländern wird zu erwarten sein, daß die heutige Organisation

Tabelle 23. **Durchschnittliche Jahresleistung der Fahrzeuge und Fahrzeugführer in Europa im Jahr 1933**

Verkehrsmittel	Durch-schnittliche Besatzung	Durchschnittliche jährliche Flug- bzw. Fahr-leistung der Führer		Durchschnittliche Jahresleistung der Fahrzeuge in Flug- bzw. Fahr-km je Jahr
		Flug- bzw. Fahr-km je Jahr	Flug- bzw. Fahr-Std. je Jahr	
1	2	3	4	5
Verkehrsflugzeug	2	80000	500—550	60000—80000[1])
Eisenbahn (Schnellzugslokomotive)	2	66000	1600—1800	60000
Kraftwagen (Ferntransport)	2	20000—30000	1000—1500	40000—60000

[1]) In den Vereinigten Staaten von Amerika etwa 120000 km je Flugzeug und Jahr.

Tabelle 24. **Anzahl und durchschnittliche Netzlänge der Luftverkehrsunternehmungen der Erdteile**

Erdteil	Anzahl der Verkehrsunternehmungen							Auf eine Verkehrsunternehmung im Durchschnitt entfallende Netz-länge in km		
	1927	1928	1929	1930	1931	1932	1933	1927	1930	1933
1	2	3	4	5	6	7	8	9	10	11
Europa	33	36	36	38	34	35	31 (10)[2])	2070	4020	6250 (160)[2])
Amerika gesamt	30	51	57	61	54	60	58	662	1960	2130
Nordamerika	24	42	45	49	42	42	33	625	1855	2570
Mittelamerika	1	1	3	3	3	9	15	1300	1600	753
Südamerika	5	8	9	9	9	9	10	720	2620	2770
Afrika	1	1	2	3	4	5	6	2400	2100	1550
Asien	1	3	8	8	10	10	13	2700	1410	1980
Australien	3	3	4	7	6	5	8	1800	1830	1500

[2]) Kleine englische Gesellschaften mit vorwiegendem Inlandverkehr.

im innerenglischen Luftverkehr einer zentralen Stelle unterstellt werden muß, wenn Sicherheit und Leistungsfähigkeit im Luftverkehr nicht leiden sollen. Der durch den gesteigerten Ausbau des inner-englischen Luftliniennetzes gegebene starke Anreiz zur Benutzung der Verkehrsgelegenheiten fällt in das letzte Jahr des Untersuchungszeitraums und hat daher für die Beurteilung der Beziehungen zwischen Konjunktur und Luftverkehr noch keine Bedeutung gewonnen. Für alle übrigen Länder mit entwickeltem Luftverkehr hat der Wille zu großen Einheitsgesellschaften und zu starker Ausdehnung ihrer Netzgrößen auf Grund der damit verbundenen betrieblichen Vorteile günstig für die Steigerung des Luftverkehrs trotz Wirtschaftskrise gewirkt.

Die Form der Luftverkehrsunternehmungen als privatwirtschaftlich geführte und mit staatlichen Mitteln mehr oder weniger stark finanziell unterstützte Gesellschaft hat sich in dem Untersuchungszeitraum nicht geändert. Sie ist auch in den Jahren der Wirtschaftskrise nicht verlassen worden und hat damit keinen unmittelbaren Einfluß auf das von dem Wirtschaftsleben abhängige Verkehrsvolumen im Luftverkehr ausüben können.

V. Die Verkehrsleistungen im Luftverkehr in den Jahren 1927—1933

Damit kommen wir nun zu der für unsere Untersuchungen besonders wichtigen Feststellung des Umfangs der Verkehrsleistungen im Luftverkehr nach Personen-, Post- und Frachtverkehr in den Jahren 1927—1933 und zu ihrer Beurteilung vom Standpunkt der Konjunkturschwankungen. Die Verkehrsleistungen sind der unmittelbare Ausdruck für die Verkehrsbedürfnisse der Menschen in dem Raum, in dem Gelegenheit zur Ortsveränderung auf dem Luftwege gegeben ist. Ihre Entwicklung auf Flughäfen und Strecken ist zur Erhöhung der Anschaulichkeit in der Hauptsache in graphischen Darstellungen vor Augen geführt. Auf diese Weise kann auch ein Bild darüber gewonnen werden, wie im Raum sich die Verkehrsleistungen gewandelt haben und in welchen Verkehrsbeziehungen die stärksten Verkehrsbedürfnisse im Luftverkehr auftraten. Diese Darstellungs-

Konjunktur und Luftverkehr

Tabelle 25. **Entwicklung des planmäßigen Flug-**

	1927					1928					1929				
	Flug-zeuge	Personen	Post t	Fracht t	Gesamt-menge t	Flug-zeuge	Personen	Post t	Fracht t	Gesamt-menge t	Flug-zeuge	Personen	Post t	Fracht t	Gesamt-menge t
1	2	3	4	5	6	7	8	9	10	11	12	13	14	15	16
Amsterdam	5346	862	41	458	1361	6160	1087	49	749	1885	6840	1100	84	828	2012
Berlin	8898	2400	401	523	3324	9916	2520	251	894	3665	8574	2120	216	776	3112
Brüssel	4850	1236	71	541	1848	7681	996	43	522	1561	8647	1335	53	801	2189
Budapest	2613	330	29	236	595	2534	338	39	255	632	2569	328	54	221	603
Frankfurt a. M. ..	4570	965	44	152	1161	6538	1321	37	253	1611	7024	1232	41	292	1565
Halle/Leipzig ...	2033	257	97	32	386	7457	1390	53	208	1651	7166	1235	60	222	1517
Hannover	5286	860	16	218	1094	7040	1053	45	385	1483	5616	766	72	407	1245
Köln	6635	1250	71	427	1748	7751	1485	101	530	2116	6918	1080	117	558	1755
Kopenhagen ...	3166	735	—	73[1]	808	2876	595	—	93[1]	688	3227	736	—	129[1]	865
London	5537	2270	54	1062	3386	7325	3380	91	1441	4912	8353	3780	167	2038	5985
Marseille	1524	115	14	3	132	2170	202	20	92	314	3133	251	25	125	401
München	4340	1220	34	199	1453	4493	1200	46	239	1485	5861	1210	41	215	1466
Paris	6247	2130	13	827	2970	8502	3300	18	1416	4734	10519	3600	50	1924	5574
Prag	4567	691	5	262	958	5087	924	12	420	1356	5638	768	13	524	1305
Rom	1169	322	—	—	322	1796	540	2084	96	2720	2747	736	39	157	932
Stockholm ...	650	169	10	17	196	1660	418	9	34	461	2506	530	32	73	635
Stuttgart	3799	799	1	110	910	4065	882	14	128	1024	4061	716	16	117	849
Venedig	1682	278	—	—	278	1908	306	3	76	385	2405	453	15	144	612
Warschau	—	—	—	—	—	1972	371	27	111	509	2715	741	33	95	869
Wien	4900	980	—	520[1]	1500	5829	1110	—	709[1]	1819	5748	1080	45	608	1743
Zürich	2102	518	14	25	557	3603	774	39	113	926	3902	752	38	95	885

[1]) Fracht- und Postmenge.

Erklärung: Die Zahlen der Spalte Flugzeuge stellen die Summe der ankommenden und abgehenden Flugzeuge dar, die anderen Spalten umfassen die Summe der ankommenden, abgehenden und durchgehenden Mengen in Tonnen, wobei in der Spalte Personen mit 1 t = 12,5 Personen gerechnet wurde.

weise wurde allerdings im wesentlichen beschränkt auf den europäischen Luftverkehr, dessen Gestaltung uns in erster Linie angeht und dessen Entwicklung auf Grund der politischen und wirtschaft-

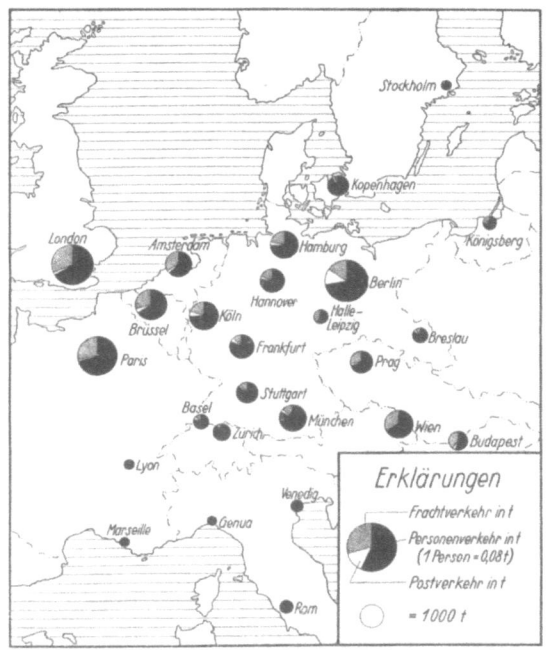

Abb. 9. Der Verkehr der bedeutendsten Flughäfen im Jahre 1927.

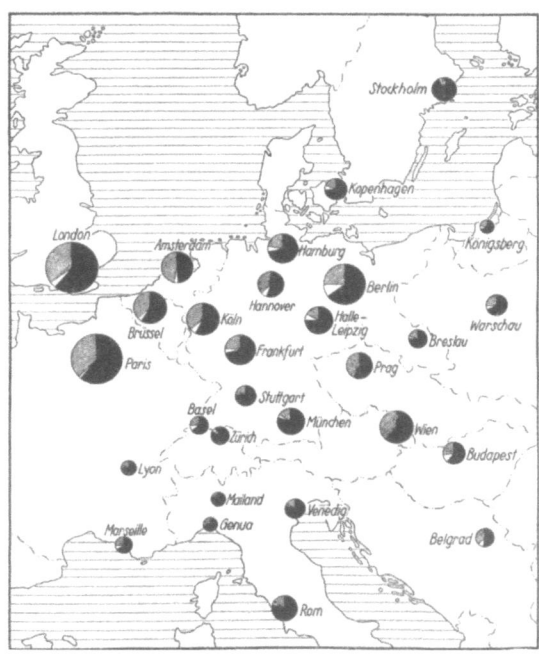

Abb. 10. Der Verkehr der bedeutendsten Flughäfen im Jahre 1930.

V. Die Verkehrsleistungen im Luftverkehr in den Jahren 1927—1933

hafenverkehrs der wichtigsten Flughäfen in Europa

1930					1931					1932					1933				
Flugzeuge	Personen t	Post t	Fracht t	Gesamtmenge t	Flugzeuge	Personen t	Post t	Fracht t	Gesamtmenge t	Flugzeuge	Personen t	Post t	Fracht t	Gesamtmenge t	Flugzeuge	Personen t	Post t	Fracht t	Gesamtmenge t
17	18	19	20	21	22	23	24	25	26	27	28	29	30	31	32	33	34	35	36
6276	935	73	893	1901	7639	1120	121	1149	2390	6809	1475	129	878	2482	9145	2610	130	1207	3947
9513	2170	336	850	3356	8872	2430	236	902	3568	8252	2730	258	884	3872	9623	4197	299	1132	5628
9282	1220	93	744	2057	9074	1035	88	701	1824	6099	948	45	596	1589	6139	1809	76	938	2823
3592	637	128	259	1024	3146	525	122	188	835	2288	515	86	116	717	2690	605	175	153	933
6284	1260	89	395	1744	6575	1391	55	428	1874	6417	1440	63	431	1934	7779	1755	87	497	2339
7078	1155	109	272	1536	6674	1290	78	282	1650	5993	1350	122	284	1756	5981	1949	100	365	2414
6417	726	93	486	1305	6481	916	120	544	1580	5399	1150	113	573	1836	5644	1317	139	635	2091
7885	1175	121	752	2048	10862	1560	103	834	2497	9561	1515	93	699	2307	10611	1768	161	844	2773
4020	685	56	178	919	5451	900	—	235[1])	1135	5773	972	31	167	1170	6127	1162	35	238	1435
8797	3290	204	1870	5364	8897	3570	235	2065	5870	8390	5600	203	1702	7505	9642	6925	247	2011	9183
4361	384	50	150	584	4330	527	71	140	738	4151	564	71	103	738	4516	695	84	137	916
4233	1195	48	242	1485	4820	1245	40	291	1576	4105	1385	52	290	1727	4909	1785	65	360	2210
9975	3180	75	1921	5176	9982	3580	112	2070	5762	9285	5340	102	1492	6934	11679	6953	145	1876	8974
5447	820	28	547	1395	5288	726	25	495	1246	4754	733	15	396	1144	4896	914	17	523	1454
4184	1130	33	225	1388	4016	1090	48	221	1359	4638	1510	204	302	2016	4314	1472	219	289	1980
4867	1110	41	50	1201	4083	1012	34	37	1083	2610	512	32	58	602	3092	789	23	101	913
4066	640	20	158	818	4059	764	23	211	998	3206	783	20	211	1014	4363	1065	32	256	1353
2862	635	3	138	776	3326	589	4	154	747	3494	819	2	155	976	2357	555	4	150	709
3418	665	52	240	957	3450	718	34	164	916	2483	501	17	176	694	2939	742	28	215	985
6121	1275	88	703	2066	5529	1140	74	590	1804	4244	1165	39	470	1675	4533	1245	44	600	1889
3251	595	41	62	698	4041	821	43	86	950	3806	950	38	62	1050	4796	1134	78	73	1285

Quellen: Bulletin de Renseignements. — Nachrichten für Luftfahrer. — Revue Aéronautique Internationale. Report on the Progress of Civil Aviation 1932. — Statistica della Linee Aeree Civili Italiane 1927—1933.

lichen Gegebenheiten uns mehr Möglichkeiten zur richtigen Beurteilung gibt, als das in anderen Erdteilen, vor allem in den Vereinigten Staaten von Amerika, der Fall sein würde. Nur für die Verkehrsströme auf den verschiedenen Luftverkehrslinien wurde für den Luftverkehr in den Vereinigten Staaten von Amerika eine Darstellung gegeben, die einen wertvollen Vergleich der Streckenbelastung mit europäischen Luftverkehrslinien ermöglicht.

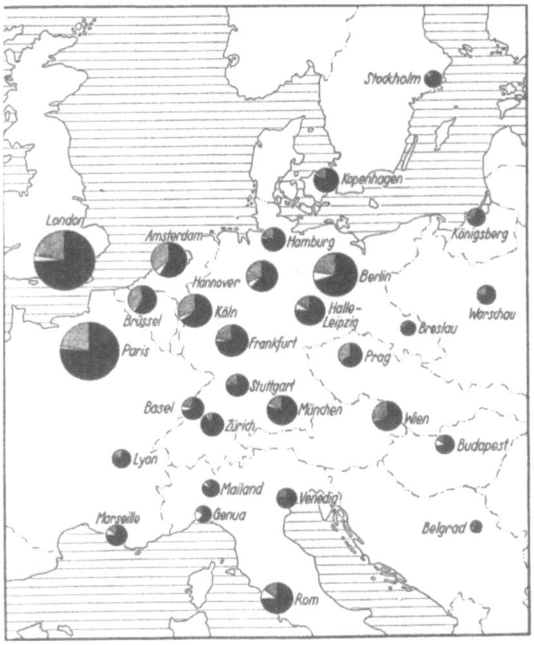

Was zunächst das statische Maß im Luftverkehr oder das Aufkommen an Personen, Post und Fracht im planmäßigen Luftverkehrsbetrieb anbelangt, so ist für die wichtigsten europäischen Flughäfen und für die Jahre 1927, 1930 und 1932 der Umfang des Flughafenverkehrs ermittelt. Es sind sowohl im Personen- wie im Post- und Frachtverkehr die ankommenden, abgehenden und durchgehenden Mengen erfaßt. Damit ferner die Verkehrsmengen besser vergleichbar sind und mit der Nutzladefähigkeit der Flugzeuge in zweckmäßige Beziehung gebracht werden können, sind entsprechend dem Gewichtsmaß für Post und Fracht auch die Personen in Tonnen ausgedrückt. Ihre Umrechnung in die Zahl der Personen kann in der Weise erfolgen, daß 1 t = 12,5 Personen gesetzt wird.

Das Ergebnis der Untersuchungen über das Verkehrsaufkommen auf den Flughäfen zeigen die Abb. 9—11 und die Tabelle 25. Es ist klar zu erkennen, daß der Flughafenverkehr aller Flughäfen in den Jahren 1927—1932 in erheblichem Maße zugenommen hat. Doch ist die Zunahme von 1930

Abb. 11. Der Verkehr der bedeutendsten Flughäfen im Jahre 1932.

auf 1932 wesentlich geringer. Letzteres trifft vor allem für das wirtschaftlich am stärksten in Mitleidenschaft gezogene Deutschland zu, während das von der Wirtschaftskrise weniger erfaßte westliche Europa eine stärkere Zunahme hat.

Der Charakter der Abbildungen entspricht durchaus der räumlichen Verteilung derjenigen wirtschaftlichen, politischen und kulturellen Kräfte, von denen das stärkste Bedürfnis für die Benutzung der Luftwege ausgeht. In Deutschland ist die Dezentralisierung von Verwaltung und Wirtschaft in den verschiedenen Ländern maßgebend, in Frankreich und auch zum Teil in England die Zentralisierung in den Landeshauptstädten, deren gegenseitige Beziehungen außerdem außerordentlich stark sind. In der Zusammensetzung des gesamten Flughafenverkehrs zeigt sich die **starke Zunahme des Personenverkehrs gerade in den Krisenjahren der Wirtschaft**, während Post und Fracht kaum eine Änderung in den Jahren 1930—1932 aufweisen. Die wirtschaftlichen Schwierigkeiten, in die allmählich alle europäischen Länder hineingezogen wurden, verlangten eine ständige persönliche Fühlungnahme zwischen den Vertretern der verschiedenen Wirtschaftsgebiete, Flächen und

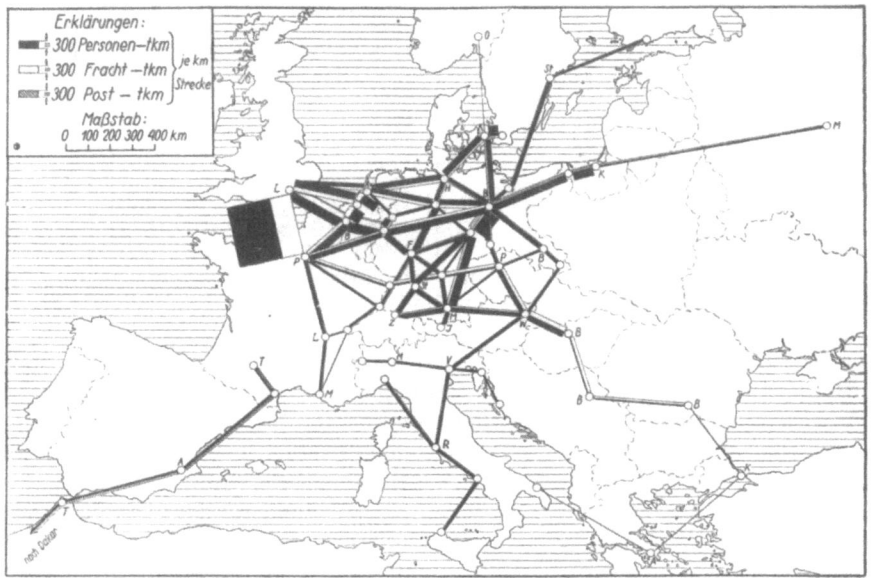

Abb. 12. Die Verkehrsströme im kontinentalen Luftverkehrsnetz Europas im Jahr 1927.

Länder. **Dieser Umstand scheint besonders dem schnell befördernden Luftverkehr Vorteile im Personenverkehr gebracht zu haben.**

Die Verkehrsmengen der einzelnen Flughäfen enthält in genauen Zahlen die Tabelle 25, die auch die Entwicklung der einzelnen Jahre von 1927—1933 zeigt. Sie läßt erkennen, daß das Jahr 1933 als Jahr des wirtschaftlichen Wiederaufstiegs der europäischen Volkswirtschaften bereits eine starke Steigerung auf allen Gebieten des Luftverkehrs mit sich gebracht hat. Eine Steigerung, wie sie kein anderes, dem Fernverkehr dienendes Verkehrsmittel auch nur annähernd zu verzeichnen hat. Wir können hierin ein Zeichen der verhaltenen Kraft sehen, mit der der Luftverkehr nun nach Überwindung der Wirtschaftskrise sein Entwicklungsmaß zu steigern vermochte.

Das dynamische Maß im Luftverkehr oder die im Luftverkehr auf den Strecken geleisteten tkm in Personen, Post und Fracht sind für die gleichen Jahre veranschaulicht wie für die Flughäfen. Auch hier sind die Personen aus den angeführten Gründen in Tonnen ausgedrückt. Für die Aufstellung der hier erstmalig dargestellten sog. **Streckenbelastungskarten** im Luftverkehr Europas, wie sie die Abb. 12—14 darstellen, bestanden insofern besondere Schwierigkeiten, als vielfach noch in früheren Jahren die Luftverkehrsmengen in Etappen, also beispielsweise ein Reisender auf jedem Flughafen, auf dem er landete, gezählt wurde, während grund-

V. Die Verkehrsleistungen im Luftverkehr in den Jahren 1927—1933 35

sätzlich im Verkehrswesen nur eine einmalige Zählung für die ganze Reise in Frage kommt. Durch eingehende Untersuchungen gelang es, diese Schwierigkeiten größenordnungsmäßig auszuschalten und unter Zugrundelegung der geleisteten Personen-km oder tkm eine zuverlässige Grundlage für ein Einheits- und Vergleichsmaß für die verschiedenen Jahre zu erhalten. Als Einheits- und Vergleichsmaß

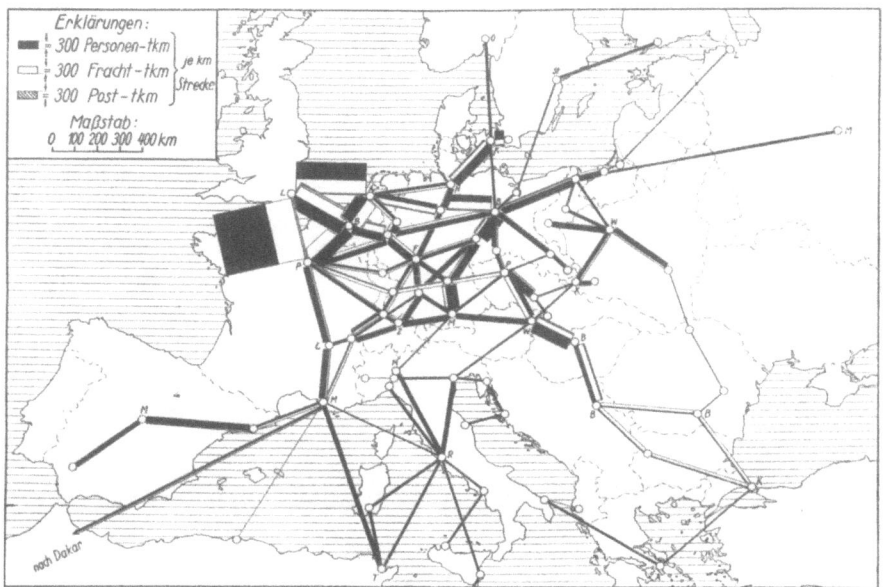

Abb. 13. Die Verkehrsströme im kontinentalen Luftverkehrsnetz Europas im Jahr 1930.

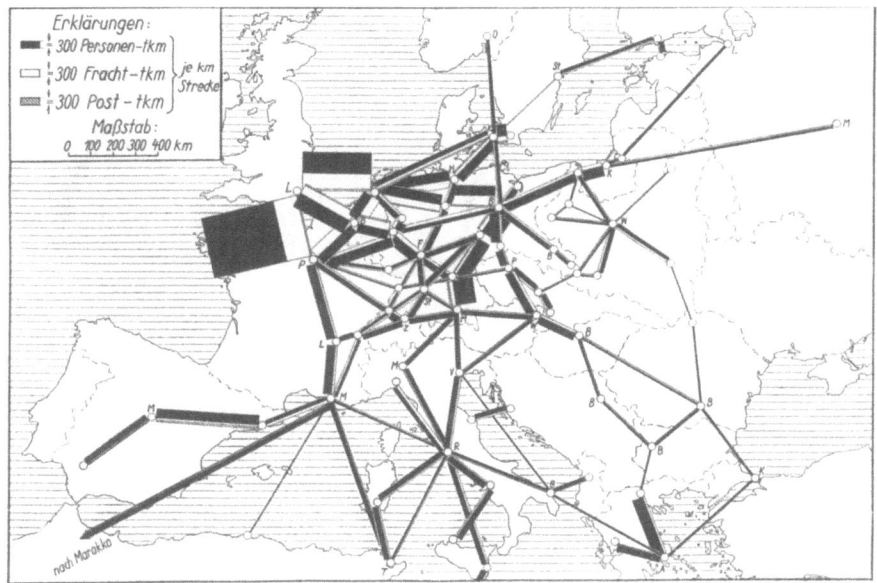

Abb. 14. Die Verkehrsströme im kontinentalen Luftverkehrsnetz Europas im Jahr 1932.

wurde die dynamische Verkehrsdichte oder die auf 1 km einer Luftverkehrslinie entfallende Zahl in tkm gewählt. Als Luftverkehrslinie ist die Linie anzusehen, die in den Abbildungen von 2 Flughäfen begrenzt wird. Wird diese dynamische Verkehrsdichte für Personen, Post und Fracht für die einzelnen Strecken ermittelt und, wie in den Abbildungen geschehen, graphisch aufgetragen, so erhalten wir ein aufschlußreiches, in den Lebensraum Europas hineingestelltes Entwicklungsbild der Luftverkehrsleistungen.

Wir erkennen zunächst wieder eine stetige Steigerung der Verkehrsleistungen auf den verschiedenen Linien in den Jahren 1927—1932, dort am stärksten, wo der Vorsprung der Schnelligkeit und der Bequemlichkeit auf dem Luftwege gegenüber dem kombinierten Land- und Seeverkehr besonders hochwertige Wirtschaftsgebiete miteinander verbindet. Dann klingt die Zunahme der Verkehrsleistungen ab, wo eine Dezentralisation der an sich stark entwickelten Volkswirtschaft wie in Deutschland vorliegt, um schließlich in vorwiegend landwirtschaftlichen Gebieten des europäischen Ostens am stärksten nachzulassen. Es entspricht durchaus den Feststellungen über die Struktur im Flughafenverkehr, wenn wir auch in der Streckenbelastungskarte vom Jahr 1932 eine starke Zunahme im Personenverkehr gegenüber dem Jahr 1930 feststellen, während im Post-

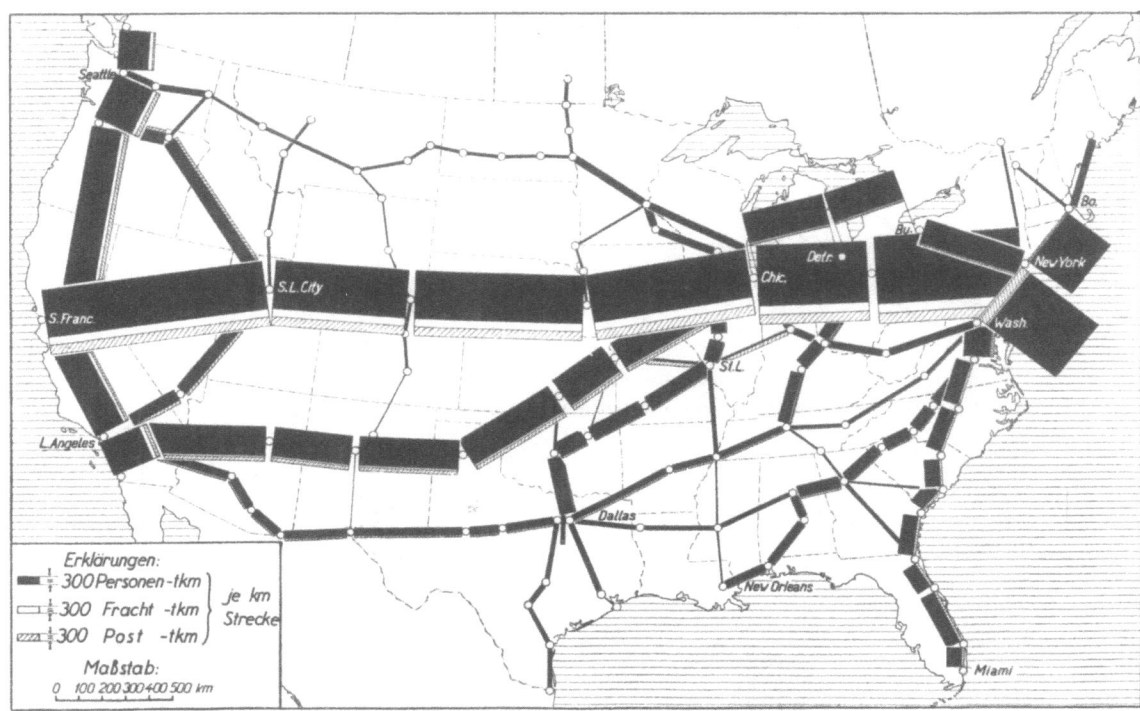

Abb. 15. Die Verkehrsströme im kontinentalen Luftverkehrsnetz der Vereinigten Staaten von Amerika im Jahr 1934.

und Frachtverkehr kaum wesentliche Änderungen, abgesehen vom Postverkehr, in dem im Jahre 1932 ein Rückgang zu verzeichnen ist, vorliegen. Die am stärksten benutzten Post- und Frachtstraßen liegen in der Ostwestrichtung in der norddeutschen Tiefebene und an der Nordsee. Sie sind der äußere Ausdruck der in diesem Teil Europas auf ein Höchstmaß entwickelten Handels- und Geschäftsbeziehungen.

Für den Luftverkehr in den Vereinigten Staaten von Amerika fehlen bis zum Jahre 1933 die notwendigen statistischen Unterlagen zur Aufstellung einer Streckenbelastungskarte für die verschiedenen Luftverkehrslinien. Es konnte daher zum Vergleich des Luftverkehrsbildes von Europa mit demjenigen von den Vereinigten Staaten von Amerika nur das Jahr 1934 für die Vereinigten Staaten von Amerika herangezogen werden. Für dieses Jahr stellt Abb. 15 die Streckenbelastung im Personen-, Fracht- und Postluftverkehr der Vereinigten Staaten dar. In dieser Abbildung ist der Maßstab der Verkehrsströme für die verschiedenen Verkehrsarten genau der gleiche wie für die Verkehrsströme Europas auf den Abb. 12—14, so daß die Streckenbelastung, abgesehen von der Phasenverschiebung in den Stichjahren, unmittelbar verglichen werden kann.

V. Die Verkehrsleistungen im Luftverkehr in den Jahren 1927—1933

Was zunächst die innere Struktur des amerikanischen Luftverkehrs anbelangt, so empfängt er, wie nicht anders zu erwarten, sein größtes Verkehrsvolumen aus den Beziehungen zwischen den am stärksten entwickelten Wirtschaftsflächen im Osten und Westen der Union. Die großen Entfernungen, auf denen hier der Luftverkehr seinen gewaltigen Geschwindigkeitsvorsprung gegenüber den übrigen Verkehrsmitteln zur Geltung bringen konnte, hat zu einer Mobilisierung von Verkehrsmengen im Luftverkehr geführt, wie sie heute in bezug auf Transportweite und Umfang einzigartig in der Welt dastehen. Das trifft vor allem für den Personen- und Postverkehr zu, während der Frachtverkehr im Vergleich zu Europa noch stark zurücksteht, da für seine Entwicklung verhältnismäßig hohe Tarife, wenn auch weniger auf den langen Strecken als vielmehr auf den kurzen Verkehrslinien, sich sehr hemmend auswirkten. Nur auf den großen Transkontinentalstrecken der Vereinigten Staaten von Amerika hat der Frachtverkehr einen merklichen Anteil an der Streckenbelastung im Luftverkehr.

Überall dort, wo an der West- und Ostküste der Eisenbahnverkehr in wirtschaftlich gut entwickelten Gebieten keine genügend günstigen schnellen Verkehrsgelegenheiten bietet, hat der Luftverkehr sich auch in der Nordsüdrichtung ein beachtliches Verkehrsfeld sichern können. In allen übrigen Nordsüdbeziehungen fehlen für eine stärkere Zunahme des Luftverkehrs die notwendigen wirtschaftlichen Spannungen.

Das Bild der amerikanischen Streckenbelastung in der Ostwestrichtung läßt in plastischer Form das Drängen der Verkehrsbedürfnisse auf schnellste Beförderung erkennen. Trotzdem 4 Transkontinentallinien von Osten nach Westen eingerichtet sind, vereinigt die kürzeste Linie New York—Chicago—Salt Lake City—San Francisco den stärksten Verkehr auf sich, der allein doppelt so groß ist als auf den übrigen 3 Linien zusammen.

Wollen wir das Bild der Verkehrsströme der Vereinigten Staaten von Amerika im Jahre 1934 größenordnungsmäßig vergleichen mit der Streckenbelastung von Europa im Jahr 1932, so ist zu berücksichtigen, daß in der Zeit vom Jahr 1932 bis 1934 der Gesamtluftverkehr für Personen und Post in beiden Gebieten um 50—60% zugenommen hat, während für den Frachtverkehr die Zunahme in den Vereinigten Staaten von Amerika 100%, in Europa 25% betrug. Wir müßten uns demnach in der Streckenbelastungskarte der Vereinigten Staaten von Amerika die Ströme des Personen- und Postverkehrs um rund ein Drittel und des Frachtverkehrs um rund die Hälfte reduziert denken, um einen unmittelbaren größenordnungsmäßigen Vergleich mit der Streckenbelastungskarte von Europa vom Jahr 1932 zu erhalten. Aber auch bei diesem überschlägigen Vergleich ist im Personen- und Postverkehr die Streckenbelastung auf den wichtigsten amerikanischen Linien durchweg wesentlich höher als in Europa. Dagegen zeigt umgekehrt der Frachtverkehr von Europa gegenüber den Vereinigten Staaten von Amerika einen sehr großen Vorsprung.

Vielleicht können wir gerade in diesem wesentlichen Unterschied im Frachtluftverkehr Europas und den Vereinigten Staaten von Amerika, der sich nicht allein aus den verhältnismäßig hohen Luftfrachttarifen in den Vereinigten Staaten von Amerika erklären läßt, einen weiteren Beweis dafür sehen, wie sehr der schnelle Luftverkehr von den europäischen Wirtschaftskreisen dazu benutzt wurde, die wirtschaftspolitischen Hemmungen im Güteraustausch zwischen den verschiedenen Ländern während der Wirtschaftskrise möglichst zu überwinden und auszugleichen. Die große wirtschaftliche Einheit der Vereinigten Staaten von Amerika kannte diese Hemmungen nicht, so daß dem Luftfrachtverkehr hier keine Sonderaufgaben zufielen, wie sie in Europa die Weltwirtschaftskrise für den Güteraustausch auf dem Luftwege mit sich brachte.

Haben wir somit sowohl im Flughafen- wie im Streckenverkehr auch in den Jahren der Wirtschaftskrise allgemein eine mehr oder weniger zunehmende und jedenfalls keine ins Auge springende abnehmende Tendenz feststellen können, so bedarf diese Feststellung noch einer weiteren Beurteilung. Es wäre der Fall denkbar, daß durch starke Vermehrung der Verkehrsgelegenheiten und damit auch der Flug-km während der Jahre der Wirtschaftskrise betriebstechnisch eine so wesentliche Verschiebung gegenüber den vorhergehenden Jahren eingetreten wäre, daß allein durch diese betriebstechnischen Verbesserungen eine Verkehrszunahme im Luftverkehr eingetreten wäre. Die hierdurch bedingte Verkehrszunahme würde in keine Beziehung zu den Konjunkturschwankungen gebracht werden können, sondern im wesentlichen als Abwanderungsverkehr von den übrigen Verkehrsmitteln wie Eisenbahn und Seeschiffahrt anzusprechen sein. Um in dieser

Richtung klar zu sehen, wurde es notwendig festzustellen, wie sich die Betriebsdichte oder das Verhältnis der Flug-km zu den Netz-km in den verschiedenen Jahren in den bedeutendsten Luft-

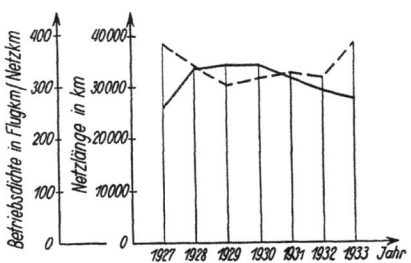

Abb. 16. Die Netzlänge (―――) und Betriebsdichte (― ― ― ―) im Luftverkehr von Deutschland in den Jahren 1927—1933.

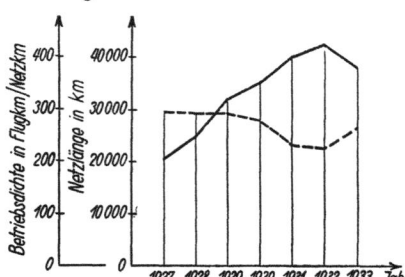

Abb. 17. Die Netzlänge (―――) und Betriebsdichte (― ― ― ―) im Luftverkehr von Frankreich in den Jahren 1927—1933.

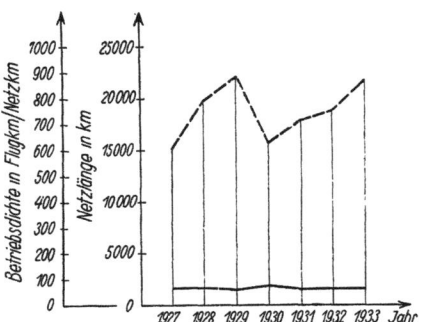

Abb. 18. Die Netzlänge (―――) und Betriebsdichte (― ― ― ―) im kontinentaleuropäischen Luftverkehr von Großbritannien in den Jahren 1927—1933.

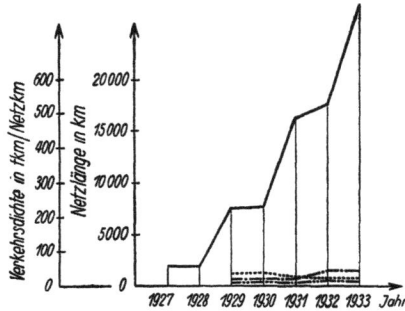

Abb. 19. Die Netzlänge (―――) und Betriebsdichte (― ― ― ―) im transkontinentalen Luftverkehr (Indien und Afrika) von Großbritannien in den Jahren 1927—1933.

verkehrsländern entwickelt hat. Ist diese Betriebsdichte in den einzelnen Jahren der untersuchten Zeitperiode nicht wesentlich verschieden, so ist auch das Angebot von Verkehrsgelegenheiten im Raum, entlang den Luftlinien verteilt, ungefähr das gleiche gewesen. Bestehen dagegen starke Unterschiede, so ist das Angebot größer oder kleiner gewesen. Es liegt dann eine wesentliche Änderung der Betriebspolitik im Einsatz der Flugzeuge vor, die für sich allein, ohne Rücksicht auf die Konjunkturschwankungen, das Verkehrsbedürfnis in günstigem oder ungünstigem Sinn beeinflußt.

In den Abb. 16—20 ist neben der Entwicklung der Strecken- oder Netzlänge die Betriebsdichte in Flug-km je Netz-km für Deutschland, Frankreich, England und die Vereinigten Staaten von Amerika eingetragen, um die, die

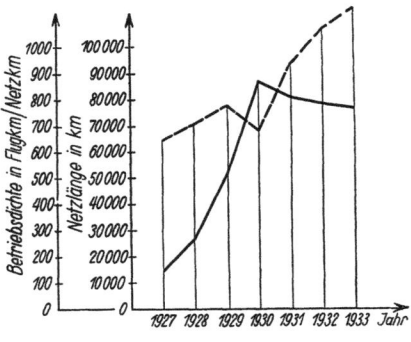

Abb. 20. Die Netzlänge (―――) und Betriebsdichte (― ― ― ―) im Luftverkehr der Vereinigten Staaten von Amerika in den Jahren 1927—1933.

$$\text{Betriebsdichte} = \frac{\text{Flug-km}}{\text{Netz-km}},$$

bestimmenden Größen zueinander in anschauliche Beziehungen setzen zu können. In der Tat sind für die Jahre 1929—1932, also die Jahre höchster und tiefster Wirtschaftslage, die Werte für die Betriebsdichte der verschiedenen Luftverkehrsgebiete nahezu gleich. Ein gewisser Abfall in der Betriebsdichte in Frankreich ist, wie aus dem

V. Die Verkehrsleistungen im Luftverkehr in den Jahren 1927—1933

Verlauf der Netzlänge zu erklären ist, auf den Ausbau des Luftliniennetzes mit vorwiegend betriebsschwachen Linien zurückzuführen. Der englische Luftverkehr ist nach Europa- oder Kontinentalverkehr und Indien-Afrika- oder Transkontinentalverkehr untersucht. Wenn auch die englische Betriebsdichte im Vergleich zur Netzlänge unruhiger verläuft als bei den übrigen europäischen Ländern, so zeigt sie jedoch in keinem Fall eine Zunahme, sondern eher eine Abnahme in der Krisenzeit. Das dürfte vor allem auf den Einsatz von Flugzeugen mit größerer Nutzladefähigkeit zurückzuführen sein, so daß auf der Hauptstrecke London—Paris Flug-km eingespart werden konnten.

Im Transkontinentalverkehr Englands sehen wir, daß trotz gewaltiger Zunahme der Netzlänge die Betriebsdichte die gleiche geblieben ist, weil die Fluggelegenheiten auf den Strecken sich nicht veränderten. Besonders diese Darstellung zeigt in überzeugender Form, wie für unsere Untersuchungen nicht die gesamte Summe der Flug-km, die hier sehr zugenommen hat, sondern die Betriebsdichte maßgebend ist, die ein ungefähr gleiches Angebot an Betriebsleistungen entlang der gesamten Strecke in den Jahren 1929—1933 aufweist. Nur in den Vereinigten Staaten von Amerika hat während der Krisenzeit eine wesentliche Verdichtung der Fluggelegenheiten stattgefunden, da die Betriebsdichte trotz geringer Änderung der Netzlänge erheblich über diejenige des Jahres 1929 hinausgewachsen ist. Hier konnte daher von einem Einfluß betriebstechnischer Art gesprochen werden, der ohne Rücksicht auf Konjunkturschwankungen geeignet war, das Bedürfnis im Luftverkehr, besonders während der Zeit der Wirtschaftskrise, stärker anzuregen.

Gegen die Richtigkeit der Feststellung, daß die Betriebsdichte oder die Verkehrsgelegenheiten sich in der Krisenzeit in Europa gegenüber der Zeit wirtschaftlichen Hochstandes nicht wesentlich geändert haben, könnte noch eingewandt werden, daß in den Jahren 1929—1933 sich der **Winterluftverkehr** im Verhältnis zum Sommerluftverkehr wesentlich gesteigert hätte. In diesem Fall wären während der Krisenzeit im Winterluftverkehr vermehrte Verkehrsgelegenheiten geboten worden, die unabhängig von der Wirtschaftslage zweifellos zu einer Steigerung des Jahresluftverkehrs insgesamt und damit auch der Betriebsdichte hätte führen müssen. Eine Untersuchung des Verhältnisses des Winterluftverkehrsnetzes zum Sommerluftverkehrsnetz zeigt jedoch, daß es sich in den wichtigsten europäischen Luftverkehrsländern in den Jahren 1929—1933 nur unwesentlich geändert hat. Es ist im Gegenteil festzustellen, daß im Jahr 1932 das Winterluftverkehrsnetz noch in Deutschland kleiner gewesen ist als im Jahr 1929. Es kann daher gesagt werden, daß **vom Standpunkt des Verhältnisses des Winter- zum Sommerluftverkehr kein besonderer Anreiz zur Steigerung des Luftverkehrs gegeben wurde und die Verkehrsgelegenheiten in diesem Verhältnis keine strukturellen Wandlungen erfahren haben.**

Da wir mit der Betriebsdichte das Angebot an Verkehrsleistungen in Gestalt der von den Flug-km angebotenen Nutz-tkm erfassen können, so müßte der Charakter der Betriebsdichte auch der Tendenz der **Verkehrsdichte** entsprechen, wenn wir unter dieser die auf einen Netz-km tatsächlich beförderten tkm in Personen, Post und Fracht verstehen. Eine Ermittlung dieser Verkehrsdichte für die gleichen Länder und Jahre bietet daher eine Gegenkontrolle für das über die Betriebsdichte Gesagte, und darüber hinaus gibt sie Aufschluß über den **Willen der Allgemeinheit, den Luftverkehr zu benutzen.** In den Abb. 21—25 ist die Verkehrsdichte eingetragen und auch hier wieder die Netzlänge eingefügt, um die, die

$$\text{Verkehrsdichte} = \frac{\text{geleistete tkm}}{\text{Netz-km}},$$

bestimmenden Größen zueinander in anschauliche Beziehung setzen zu können.

Hier sehen wir nun ganz deutlich, daß trotz nahezu gleicher Betriebsdichte oder Angebot an Verkehrsgelegenheiten der Verkehr in den Jahren der Wirtschaftskrise wesentlich zugenommen hat, weil die Verkehrsdichte sich gesteigert hat. Diese Steigerung ist am stärksten und auffallendsten im **Personenverkehr**, und zwar in allen Ländern. Im Frachtverkehr liegt nur in Deutschland eine Steigerung vor, während Frankreich und England einen mehr oder weniger starken Abfall aufweisen. Der wirtschaftliche Zwang, der Deutschland nötigte, zur Devisenbeschaffung seinen Export auf alle Fälle zu erhöhen, mag hier bestimmend gewesen sein, während alle anderen Länder keinem gleichen Zwang unterlagen. Das entspricht zwar nicht dem in Tabelle 10 bereits gegebenen Entwicklungsbild

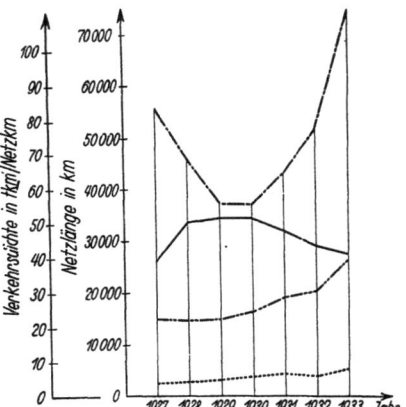

Abb. 21. Die Netzlänge (―――) und Verkehrsdichte (―·―) Personen, ―··― Fracht, ········ Post) im Luftverkehr von Deutschland in den Jahren 1927—1933. (1 Personen-km = 0,08 tkm.)

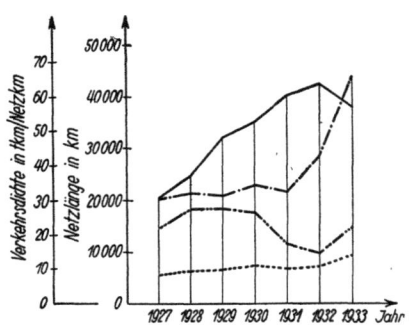

Abb. 22. Die Netzlänge (―――) und Verkehrsdichte (―·― Personen, ―··― Fracht, ········ Post) im Luftverkehr von Frankreich in den Jahren 1927—1933. (1 Personen-km = 0,08 tkm.)

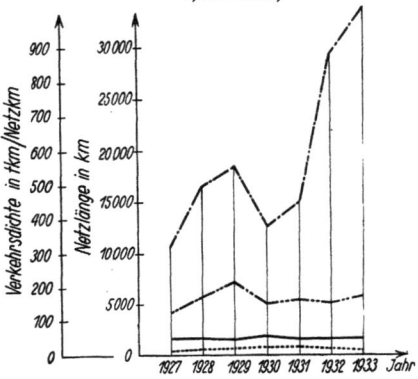

Abb. 23. Die Netzlänge (―――) und Verkehrsdichte (―·― Personen, ―··― Fracht, ········ Post) im kontinentaleuropäischen Luftverkehr von Großbritannien in den Jahren 1927 bis 1933. (1 Personen-km = 0,08 tkm.)

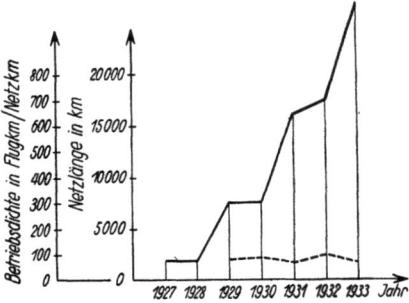

Abb. 24. Die Netzlänge (―――) und Verkehrsdichte (―·― Personen, ―··― Fracht, ········ Post) im transkontinentalen Luftverkehr (Indien und Afrika) von Großbritannien in den Jahren 1927—1933. (1 Personen-km = 0,08 tkm.)

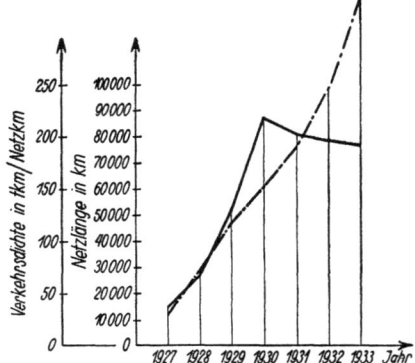

Abb. 25. Die Netzlänge (―――) und Verkehrsdichte (―·― Personen) im Luftverkehr der Vereinigten Staaten von Amerika in den Jahren 1927—1933. (1 Personen-km = 0,08 tkm.)

für den Außenhandel Deutschlands in Fertigwaren, der in der Krisenzeit stark zurückging. Von diesem Rückgang ist offenbar der Luftverkehr bei weitem nicht in dem Maße betroffen worden wie alle übrigen Verkehrsmittel. Eine besonders hoch- und eilwertige Schicht der Fertigwaren muß sich im Ausfuhrgeschäft offenbar dem Luftverkehr um so mehr zugewandt haben, als die Devisenbewirtschaftung ganz allgemein das Bedürfnis nach schnellem Transport wegen der Zeitverluste, die die Beschaffung der Devisen mit sich bringt, gesteigert hat. Der Luftverkehr konnte aus dieser Zwangslage der Wirtschaft, die als konjunkturelle Sonder-

V. Die Verkehrsleistungen im Luftverkehr in den Jahren 1927—1933 41

erscheinung anzusehen ist, seine besonderen Vorteile ziehen, aber auch der deutschen Volkswirtschaft damit besonders wertvolle Dienste leisten.

Im Paketverkehr haben wir eine leichte Zu- oder Abnahme zu verzeichnen. Im Transkontinentalverkehr Englands liegt eine leichte Zunahme im Personen- und Frachtverkehr, dagegen eine Abnahme im Postverkehr vor. In den Vereinigten Staaten von Amerika, für die nur die Verkehrsdichte im Personenverkehr zu ermitteln war, entspricht die Entwicklung derjenigen in Europa.

Das Entwicklungsbild der Verkehrsdichte bestätigt die Beurteilung der Betriebsdichte oder mit anderen Worten die Tatsache, daß eine **wesentliche Änderung der Verkehrsgelegenheiten nicht vorliegt**. Daß trotzdem ein so starkes Ansteigen des Personenverkehrs technisch bewältigt werden konnte, ist vor allem auf den Einsatz von Flugzeugen mit größerer Nutzladefähigkeit zurückzuführen und, wie wir noch sehen werden, auch auf eine bessere Ausnutzung der Nutzladefähigkeit durch zahlende Last. Darüber hinaus gibt uns die Verkehrsdichte einen sehr wichtigen Aufschluß darüber, daß gerade in **wirtschaftsschwachen Jahren das Verkehrsbedürfnis im Personenverkehr allgemein höher war, daß dagegen der Frachtverkehr wenig, aber der Postverkehr in Gestalt des Paketverkehrs in einigen Ländern empfindlicher durch die Wirtschaftskrise beeinflußt wurde, wenn auch bei weitem nicht in dem Maße, in dem die übrigen Verkehrsmittel zu leiden hatten.**

Wie sehr die Luftverkehrsgesellschaften gerade in der Krisenzeit in ihrem Flugbetrieb sich den tatsächlichen Verkehrsbedürfnissen angepaßt haben, um möglichst wirtschaftlich zu arbeiten, zeigt das **Ausmaß der Ausnutzung der angebotenen Nutzladefähigkeit durch zahlende Last** in Gestalt von Personen, Post und Fracht. Tabelle 26 gibt hierüber Aufschluß. Bei fast allen Luft-

Tabelle 26. **Ausnutzung der angebotenen Ladefähigkeit durch Nutzlast**

Gesellschaft	1927 %	1928 %	1929 %	1930 %	1931 %	1932 %	1933 %
1	2	3	4	5	6	7	8
Deutsche Lufthansa	—	—	36,8	33,9	38.0	42,5	38,6
A. B. Aerotransport	57,8	57,5	60,8	63,1	53,7	59,6	67,3
Imperial Airways							
Europadienst	70,2	74,5	62,8	59,0	64,0	77,2	64,8
Indien- u. Afrikadienst	48,9	61,0	45,0	53,9	57,8	61,7	75,6
K. L. M. (gesamt)	46,0	48,0	52,0	48,0	48,0	47,0	54,0
S. A. Mediterranea	—	50,0	26,0	21,0	23,0	27,1	47,0
Sana	—	41,3	12,2	19,7	25,2	34,5	42,2
Swissair (Normaldienst)	53,0	—	63,6	—	28,7	35,4	40,2
(Expreßdienst)	Kein Schnellverkehr bis 1932					68,3	63,4

Quelle: Geschäftsberichte der Gesellschaften.

verkehrsunternehmungen hat sich die Ausnutzung zur Zeit wirtschaftlichen Tiefstandes in den Jahren 1932 und 1933 gleich oder höher gestellt als im Jahr 1929. Auch in diesem Ergebnis kann noch nachträglich eine Bestätigung dafür gesehen werden, daß die Betriebsleistungen in Gestalt der Flug-km dem tatsächlichen Verkehrsbedürfnis angepaßt waren, und daß die gebotenen Verkehrsgelegenheiten in den Jahren der untersuchten Periode verhältnismäßig gleichgeblieben sind, wie es bereits in der Betriebszahl zum Ausdruck gekommen und unter Beweis gestellt ist.

Die Feststellungen über die Entwicklung des Verkehrsumfangs und der Verkehrsdichte erfordern noch eine Analyse der Verkehrsmengen nach dem Beruf der Reisenden, sowie nach den Gattungen der Postsendungen und der Fracht. Allerdings reichen die Unterlagen nicht aus, um diese Analyse für alle 5 Jahre durchzuführen. Doch ist sie möglich für das Jahr 1932. Zeigen die Anteile des im einzelnen beförderten Verkehrsguts für dieses Jahr ein charakteristisches Bild, das dem allgemeinen Wert des Luftverkehrs für die Befriedigung der Verkehrsbedürfnisse entspricht, so haben wir einen Anhalt für diejenigen Verkehrsgattungen, die auch in den Krisenzeiten sich des Luftverkehrs mehr oder weniger bedienen. Diese Analyse ist für den Personen- und Frachtverkehr im Jahre 1932 durchgeführt. Für den Postverkehr konnte dagegen für ein Land die Analyse für die Jahre 1927—1933 angegeben werden. Das Ergebnis ist in den Tabellen 27—29 niedergelegt.

Tabelle 27. **Charakteristik der Berufe der Reisenden im Luftverkehr im Jahr 1932**

Berufe der Fluggäste	Prozentualer Anteil der gesamten Fluggäste	
	Gesellschaft mit kontinentalem Liniennetz %	Gesellschaft mit transkontinentalem Liniennetz %
1	2	3
Kaufleute	28,3	24,8
Vertreter	8,8	9,5
Angestellte von Banken und Handelsunternehmungen	11,8	29,5
Ingenieure	6,5	16,8
Journalisten	1,8	4,1
Beamte	30,0	8,0
Ärzte	1,2	2,2
Sonstige	11,6	5,1
Gesamt	100,0	100,0

Was zunächst die Charakteristik der Berufe der Reisenden anbelangt, so ist sie in mancher Hinsicht verschieden für ein kontinentales und transkontinentales Luftliniennetz. Im Kontinentalnetz haben die Beamten einen besonders hohen Anteil, weil für sie vielfach, mit Rücksicht auf die vom Staat gegebenen Subventionen, Ermäßigungen für ihre Dienstreisen gegeben werden. Im Transkontinentalverkehr ist das Reisebedürfnis für die Beamten naturgemäß wesentlich geringer als im eigenen Lande. Im übrigen ist festzustellen, daß auf beiden Luftliniennetzen **die in Handel und Industrie tätigen Reisenden den wesentlichsten Anteil bestreiten.** Sie bilden den Stamm der Verkehrsinteressenten im Personenverkehr und geben dem Luftverkehr zweifellos eine gewisse Abhängigkeit von dem Stand dieser beiden Wirtschaftszweige. Aus der Verkehrsdichte für das Jahr 1932 konnten wir einen starken Anstieg im Personenverkehr feststellen. Wir können auf Grund der Analyse über die Berufe der Reisenden annehmen, daß diese Tatsache kaum so zu beurteilen ist, daß etwa ein Wirtschaftsrückgang die Verkehrsbedürfnisse der speziell in der Wirtschaft tätigen Personen für den Personenluftverkehr wesentlich drosselt. Im Gegenteil, es wird anzunehmen sein, daß **an der Verkehrszunahme im Personenverkehr die Reisenden von Handel und Industrie am stärksten beteiligt sind, weil persönliche und schnelle Fühlungnahme in Krisenzeiten den Geschäftsabschluß erleichtern kann.**

Die Analyse der Postmengen Deutschlands im Luftverkehr enthält für die Jahre 1927—1933 die Tabelle 28. Trotzdem das Luftpostnetz sowie die jährlichen Flugleistungen in den Jahren wirt-

Tabelle 28. **Charakteristik der Postmengen im Luftverkehr Deutschlands**

Jahr	Luftpostnetz	Jährliche Flugleistung	Gesamte beförderte Luftpostsendungen							
			Briefsendungen		Pakete		Zeitungen		Gesamt	
	1000 km	1000 km	t	%	t	%	t	%	t	%
1	2	3	4	5	6	7	8	9	10	11
1927	30,5	10000	27,4	9,0	80,3	26,6	194,4	64,4	302,1	100,0
1928	36,6	11100	38,8	10,1	98,9	25,7	247,2	64,2	384,9	100,0
1929	33,4	10200	40,2	12,1	113,8	34,2	178,0	53,7	332,0	100,0
1930	36,0	10900	57,7	11,8	137,5	28,0	295,8	60,2	491,0	100,0
1931	33,0	10300	61,2	15,3	137,4	34,3	201,9	50,4	400,5	100,0
1932	31,0	9300	71,0	15,1	94,2	20,0	304,8	64,9	470,0	100,0
1933	32,9	10500	127,9	30,9	111,2	26,9	174,9	42,2	414,0	100,0

Quelle: Geschäftsberichte der Deutschen Reichspost.

schaftlichen Tiefstandes einen gewissen Rückgang erfuhren, haben wir bei den Briefsendungen, auch zum großen Teil bei den Zeitungen, eine stärkere Zunahme in dieser Zeit festzustellen, was zweifellos auf die Schärfe des Wettbewerbs in wirtschaftlich schwierigen Zeiten zurückzuführen ist. Im Paketverkehr haben wir eine zwiespältige Entwicklung, und zwar in den ersten Krisenjahren noch erhebliche Zunahme, dann aber starker Abfall. Da die Pakete vom Standpunkt des Verkehrsbedürfnisses

V. Die Verkehrsleistungen im Luftverkehr in den Jahren 1927—1933   43

unter die Fracht zu rechnen sind, so spiegelt sich in dieser Entwicklung vielleicht das uneinheitliche Bild wieder, das wir bei der Frachtdichte verschiedener europäischer Länder beobachten konnten. Die Entwicklung des Luftfrachtverkehrs war in den untersuchten Ländern unterschiedlich nach unten und oben. Sie zeigte eine von mehr oder weniger starkem Willen der Länder zum Export abhängige Tendenz. Mit der neuen Belebung der deutschen Volkswirtschaft im Jahr 1933 steigt, wie bei der Fracht, auch der Paketverkehr. Der starke Rückgang des Zeitungsversands ist zweifellos auf die politische Entwicklung Deutschlands zurückzuführen.

Die in Tabelle 29 enthaltene Charakteristik der Fracht nach Warengruppen zeigt das für den Frachtverkehr maßgebende Bild des Transports von besonders hoch- und eilwertigen Gütern. In

Tabelle 29. **Charakteristik der Fracht nach Warengruppen im Luftverkehr 1932**

Warengruppe	Europäische Luftverkehrsgesellschaft % des Ges.-Gewichts	Luftverkehrsgesellschaften in den Ver. Staaten von Amerika % des Ges.-Gewichts
1	2	3
Auto-, Maschinen- und Radioteile	24,9	25,5
Blumen	22,1	—
Filme und Photos	5,5	12,1
Kleider und Textilwaren	17,5	3,1
Klischees, Werbematerial und Drucksachen	4,9	25,5
Leder- und Pelzwaren	4,2	2,3
Wertpapiere	1,8	21,5
Sonstiges	19,1	10,0
	100,0	100,0

diesem Punkte bestehen in Europa und den Vereinigten Staaten von Amerika allgemein keine Unterschiede, wohl aber im einzelnen bei den Anteilen der Warengattungen. Daß in den Vereinigten Staaten der Versand von Auto- und Maschinenteilen sowie von Wertpapieren stärker am Frachtverkehr beteiligt ist als in Europa, erklärt sich ebenso aus der wirtschaftlichen Einheit und Struktur des Gebiets, wie daß in Europa der Transport von Blumen und Textilwaren besonders stark vertreten ist.

An dieser Stelle interessiert noch die Frage, auf welche mittleren Entfernungen oder Beförderungsweiten die Verkehrsarten transportiert wurden. Würden hierin starke Unterschiede in den verschiedenen Jahren vorliegen, so könnte daraus eine von der Konjunkturschwankung der Wirtschaft hervorgerufene Erweiterung oder Einengung der Reichweiten der Verkehrsbedürfnisse abzuleiten sein. In Tabelle 30 sind für die wichtigen Länder die mittleren Beförderungsweiten für Personen, Post und Fracht im Wechsel der Jahre 1928—1933 aufgeführt.

Durchweg ist in den Jahren der Wirtschaftskrise ein gewisses Absinken der mittleren Beförderungsweite bis zum Jahre 1932 festzustellen. Im Jahre 1933 liegt bereits ein starker Anstieg vor. Auch hier macht Deutschland mit seiner auf stärkeren Auslandsverkehr eingestellten Wirtschaft eine gewisse Ausnahme. Es kann allgemein aus der Entwicklung der mittleren Beförderungsweite geschlossen werden, daß entsprechend dem Nachlassen des europäischen Außenhandels und des Binnenhandels in den Vereinigten Staaten von Amerika die Reiseziele der Verkehrsarten im Durchschnitt kürzer wurden. Demnach wird ein wirtschaftlicher Rückgang eine Verringerung der Reichweite der Verkehrsbedürfnisse mit sich gebracht haben. Das ist vor allem für die Wirtschaftlichkeit der Verkehrsunternehmungen von Bedeutung, da, je kleiner die Reichweite, auch die Deckung der Ausgaben durch Einnahmen schwieriger wird.

Das leitet über zu der Frage, wie weit durch die Gestaltung der Tarife ein Anreiz zur Benützung des Luftverkehrs gegeben wurde. Zu diesem Zweck ist die Entwicklung der Tarife im Luftverkehr für sich und im Vergleich mit den konkurrierenden Verkehrsmitteln zu untersuchen. Die Posttarife konnten hierbei ausschalten, da eine Änderung der Zuschläge für den Luftverkehr zu den allgemeinen Posttarifen in den Jahren 1927—1933 nicht vorgenommen wurde, eine Änderung des Anreizes für den Postluftverkehr durch andere Tarifgestaltung also nicht eintrat.

Tabelle 30. **Mittlere Beförderungsweiten im Luftverkehr**

Land	Gesellschaft	Verkehrsart	Mittlere Beförderungsweite (km)					
			1928	1929	1930	1931	1932	1933
1	2	3	3	5	6	7	8	9
Deutschland...	Deutsche Lufthansa	Personen	238	248	267	267	285	311
		Post	375	405	386	433	392	432
		Fracht	338	359	406	410	400	416
Frankreich....	Cidna	Personen	640	670	675	594	590	573[1]
		Post	855	855	940	910	850	2400
		Fracht	835	860	905	878	890	550
	Air Union	Personen	405	410	433	458	286	
		Post	453	540	710	338	578	
		Fracht	386	392	412	388	402	
England.....	Imperial Airways (Europadienst)	Personen	348	365	362	358	379	366
		Post	466	460	440	428	405	405
		Fracht	385	373	377	366	360	363
	(Indien- u. Afrikadienst[2])	Personen	—	1290	2040	2440	2330	2680
		Post	—	3950	5300	5000	4630	4800
		Fracht	—	3620	3000	3500	3700	4260
Italien......	Sana	Personen	400	443	420	446	517	507
		Post	—	—	437	950	558	725
		Fracht	427	473	463	659	556	638
Niederlande...	K.L.M. (Europadienst)	Personen	455	490	422	373	376	314
		Post	560	550	377	475	450	490
		Fracht	440	477	396	474	417	407
	(Indiendienst)	Personen	—	—	—	6030	3670	4500
		Post	—	—	14100	11800	10800	10580
		Fracht	—	—	14000	11300	9750	4870
Schweden....	A.B. Aerotransport	Personen	450	470	438	391	425	372
		Post	—	560	333	540	530	555
		Fracht	—	—	540	463	470	480	486
Vereinigte Staaten von Amerika..	Gesamt	Personen	493	467	400	430	440	590
		Post	—	—	—	2760	2770	2715
		Fracht	—	—	—	—	1250	1250

[1]) Alle französischen Gesellschaften in der Air-France zusammengefaßt.
[2]) 1929 und 1930 Indiendienst allein.

Aus den Abb. 26 und 27, die die Entwicklung der Personentarife im Luftverkehr Europas und den Vereinigten Staaten von Amerika darstellen, ist zu ersehen, daß vor allem seit dem Jahr 1929 eine wesentliche durchschnittliche Senkung der Personentarife eingesetzt hat, die erst im Jahr 1932 zur Ruhe kam. Am stärksten ist die Tendenz in den Vereinigten Staaten, weil hier die Tarife verhältnismäßig höher lagen als in Europa. Auch im Jahr 1933 liegen sie noch 20% über den europäischen Tarifen. Die weiße Fläche oberhalb und unterhalb der Durchschnittslinie gibt die Unterschiede in den Tarifen auf den verschiedenen Strecken und bei den verschiedenen Luftverkehrsgesellschaften an. Sie haben sich in den Vereinigten Staaten von Amerika erst im Jahr 1933 ungefähr auf das Unterschiedsmaß von Europa entwickelt. Die weißen Flächen der europäischen und amerikanischen Tarifunterschiede zeigen charakteristisch das Suchen und Tasten in den Vereinigten Staaten von Amerika nach zweckmäßiger Tarifhöhe im Personenverkehr. Es wurde in den Vereinigten Staaten von Amerika erschwert durch die Größe des Raumes und die ungleiche Konkurrenz, die dem Luftverkehr durch die Eisenbahnen im Osten, in der Mitte und im Westen der amerikanischen Union geboten werden konnte. In Europa lagen diese Wechselbeziehungen zwischen Luftverkehr und Eisenbahn wesentlich einfacher und klarer, so daß hier konkrete Tarife gefunden werden konnten, die für das Publikum tragbar waren.

V. Die Verkehrsleistungen im Luftverkehr in den Jahren 1927—1933

In Tabelle 31 sind die durchschnittlichen Beförderungssätze für Personen denjenigen für Fracht gegenübergestellt. Ihre Auswertung für unsere Untersuchungen erfolgt im nachfolgenden nach dem Prinzip der Relativzahlen für die Tarife im Verkehrswesen. Den Anreiz, den die Änderungen

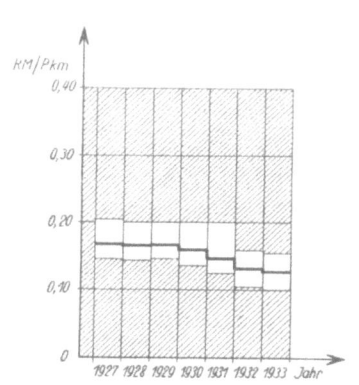

Abb. 26. Die Tarife für den Personen-km im kontinentalen Luftverkehr Europas in den Jahren 1927—1933.
——— Durchschnittlicher Tarif.
⊻⊼ Unterschiede zwischen dem niedrigsten und höchsten Tarif.

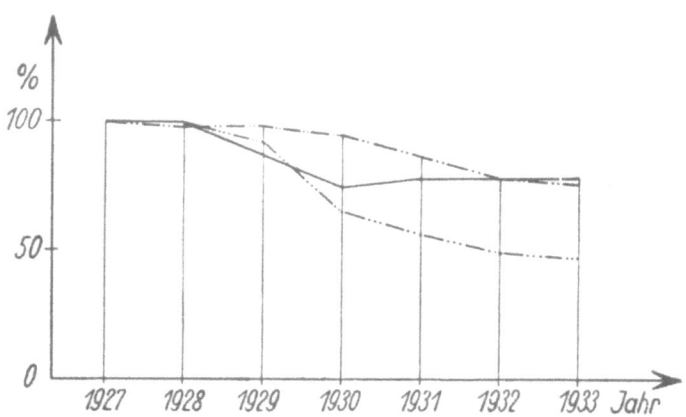

Abb. 28. Entwicklungsrichtung der Personentarife im Eisenbahn- und Luftverkehr. 1927 = 100.
——— Eisenbahntarif in Europa.
—··— Luftverkehrstarif in Europa.
—···— Luftverkehrstarif in den Vereinigten Staaten von Amerika.

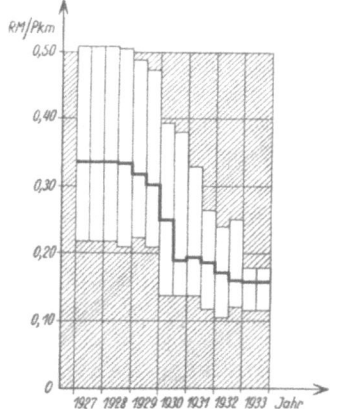

Abb. 27. Die Tarife für den Personen-km im Luftverkehr der Vereinigten Staaten von Amerika in den Jahren 1927 bis 1933.
——— Durchschnittlicher Tarif.
⊻⊼ Unterschiede zwischen dem niedrigsten und höchsten Tarif.

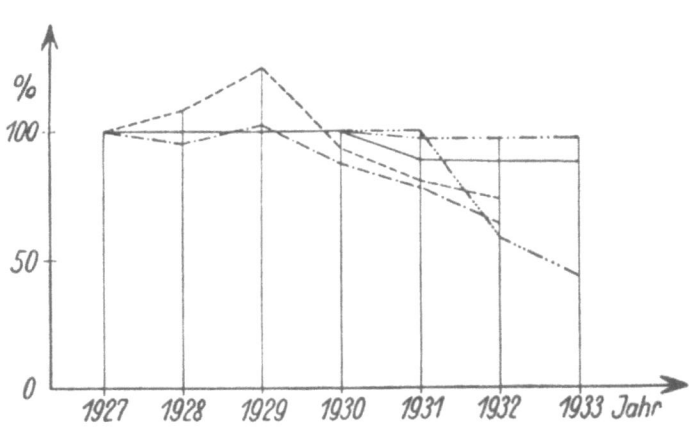

Abb. 29. Entwicklungsrichtung der Gütertarife im Eisenbahn-, Wasser- und Luftverkehr. 1927 = 100.
——— Eisenbahntarif in Europa für hochwertiges Gut.
— — — Seeschiffahrtstarif.
—·— Binnenschiffahrtstarif.
—··— Luftverkehrstarif in Europa.
—···— Luftverkehrstarif in den Vereinigten Staaten von Amerika.

der Personentarife für den Luftverkehr mit sich brachten, läßt sich nämlich genügend zuverlässig nur aus einem Vergleich mit der Entwicklung der Tarife der konkurrierenden Verkehrsmittel ableiten. Zu diesem Zweck wurden die Abb. 28 und 29 aufgestellt, in denen die Tarifhöhe des Jahres 1927 für alle Verkehrsmittel = 100 gesetzt wurde und hierzu die Tarife der übrigen Jahre in Beziehung gebracht wurden.

Tabelle 31. **Entwicklungsrichtung der durchschnittlichen Beförderungssätze und Tarife im Luftverkehr von Europa und den Vereinigten Staaten von Amerika**

	1927	1928	1929	1930	1931	1932	1933
1	2	3	4	5	6	7	8
Europa							
Personenbeförderung RM/Pers.-km	0,169	0,167	0,167	0,160	0,146	0,132	0,128
Frachtbeförderung . . . RM/tkm	1,75	1,75	1,75	1,75	1,70	1,70	1,70
Vereinigte Staaten von Amerika							
Personenbeförderung RM/Pers.-km	0,336	0,335	0,310	0,219	0,190	0,165	0,158
Frachtbeförderung . . . RM/tkm	6,00—7,00	6,00—7,00	6,00—7,00	6,00—7,00	6,00—7,00	3,50	2,60

Quelle: Reichsluftkursbuch, Luftfrachttarif. — Air Commerce Bulletin, Aircraft Yearbook 1933.

Wir sehen, daß im europäischen Personenverkehr die Tarifsenkungen auf den Eisenbahnen bis zum Jahr 1932 größer waren als im Luftverkehr und erst in diesem Jahr eine gleiche Senkung im Eisenbahn- und Luftverkehr gegenüber dem Jahr 1927 eintrat. Von der Seite der Tarifgestaltung im Personenverkehr hat daher der Luftverkehr in den Jahren der Wirtschaftskrise eher eine Drosselung als einen Anreiz erfahren, so daß, wenn trotzdem der Personenverkehr in der Luft zugenommen hat, er trotz ungünstiger Tarifgestaltung im Vergleich zu den Eisenbahnen sich durchgesetzt hat. In den Vereinigten Staaten von Amerika sind die Senkungen der Tarife bereits im Jahr 1929 verhältnismäßig unter die im Eisenbahnverkehr, die in der Abbildung nicht dargestellt sind, getreten, um dann noch weiter bis zum Jahr 1932 bei nahezu gleichbleibenden Eisenbahntarifen abzusinken. Wenn wir festgestellt haben, daß in den Vereinigten Staaten von Amerika besonders im Personenverkehr die Verkehrsdichte sehr stark zugenommen hat, so wird das zum Teil auf den Unterschied in der verhältnismäßig starken Senkung der Luftverkehrstarife gegenüber den Eisenbahntarifen zurückzuführen sein.

Im Frachtverkehr ist der Unterschied der verhältnismäßigen Tarifsenkung aus Abb. 29 zu ersehen. Es sind hier auch die Tarife der Binnenwasserstraßen und des Seeschiffahrtverkehrs eingetragen, die wohl in Beziehung zu den Eisenbahnen stehen, aber nicht zu den Tarifen im Luftverkehr. Trotzdem ist es nicht unwichtig, aus der Gegenüberstellung zu erkennen, wie weit die einzelnen Verkehrsmittel den Konjunkturschwankungen in dem Aufbau ihrer Tarife folgten, und welchen Standpunkt hierbei der Luftverkehr einnahm. In Europa ist die Senkung der Frachttarife für die Eisenbahnen größer als die für den Luftverkehr, so daß ein besonderer Anreiz zur Benutzung des Luftwegs in der Zeit der Wirtschaftskrise vom Standpunkt der Tarife nicht gegeben wurde. Es ist im Gegenteil eher eine abschreckende Wirkung zu erwarten. In den Vereinigten Staaten hat man dagegen ähnlich wie im Personenverkehr, zu starken Senkungen in den Luftfrachttarifen schreiten müssen, wie auch aus Tabelle 31 hervorgeht. Das war um so notwendiger, als in den Vereinigten Staaten von Amerika bis zum Jahr 1931 die Luftfracht zu den Tarifen für Postpakete befördert wurde, die wesentlich über den Tarifen für Eisenbahnexpreßgut lagen. In Europa hat man demgegenüber schon frühzeitig in richtiger Erkenntnis der Dinge die Expreßguttarife als Bezugstarife für den Luftverkehr zugrunde gelegt.

VI. Die Wirtschaftlichkeit im Luftverkehr in den Jahren 1927—1933

Es wäre möglich, mit den bisherigen Betrachtungen unsere Einzeluntersuchungen über Konjunktur und Luftverkehr abzuschließen und zu den entsprechenden Schlußfolgerungen zu gelangen. Damit würde aber ein zwar mittelbarer, aber deshalb nicht weniger wichtiger Faktor vernachlässigt werden, und zwar die Beantwortung der Frage, wie sich in der Untersuchungsperiode das wirtschaftliche Ergebnis im Luftverkehr gestaltet hat.

Diese Frage steht zwar in keinem direkten Zusammenhang mit der Entwicklung der Wirtschaft, die der Träger der Luftverkehrsbedürfnisse ist, aber sie ist von hoher psychologischer Bedeutung. Denn wir müssen uns angesichts des gewaltigen Rückgangs in der Weltwirtschaft und in den maßgebenden Volkswirtschaften fragen, wie es möglich war, daß die Luftverkehrsgesellschaften den Mut

VI. Die Wirtschaftlichkeit im Luftverkehr in den Jahren 1927—1933

und die Initiative aufbringen konnten, den Luftverkehr nach der technischen und betrieblichen Seite so stark und so zielbewußt zu entwickeln, wie wir es in den vorhergehenden Abschnitten festgestellt haben. Es entstehen dabei vor allem 2 Sonderfragen:

1. Haben die Luftverkehrgesellschaften so günstige staatliche Subventionsbedingungen erhalten, daß ihnen die Frage der Wirtschaftlichkeit nebensächlich sein konnte? oder
2. Haben die Luftverkehrsgesellschaften im Laufe der Jahre die Überzeugung gewinnen können, daß bei Ausschöpfung aller Möglichkeiten der Luftverkehr sich immer mehr der eigenen Wirtschaftlichkeit nähert?

Das Aufwerfen dieser Fragen erklärt auch ohne Schwierigkeit, daß es notwendig ist, ihre Beantwortung zum Gegenstand der Untersuchung über Konjunktur und Luftverkehr zu machen. Denn es ist für die innere Stärke und den Willen der Luftverkehrsunternehmungen wichtig genug, die Gründe zu kennen, die sie veranlaßten, gerade in Zeiten stärkster Wirtschaftkrise mit verstärkten Anstrengungen den Luftverkehr zu einem allgemeinen Verkehrsmittel zu entwickeln. Es hätte vielleicht ebenso gut die Wirtschaftkrise zu einem völligen Erliegen des Luftverkehrs führen können, nachdem er schon vorher in wirtschaftlich guten Zeiten aufs schärfste um seine Existenz zu kämpfen hatte. Volkswirtschaftlich gesehen ist die Wissenschaft verpflichtet, allen diesen Fragen näher zu treten und den Kräften nachzugehen, die hier wirksam waren und vielleicht nie ohne Konjunkturschwankungen der Wirtschaft ausgelöst worden wären.

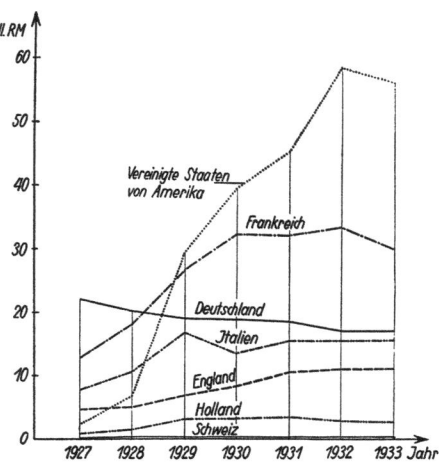

Abb. 30. Staatliche Subventionen für den Luftverkehr in Europa und den Vereinigten Staaten von Amerika in den Jahren 1927—1933.

Was zunächst die Frage der tatsächlich geleisteten Subventionen für den Luftverkehr anbelangt, so handelt es sich hier um staatliche Beiträge, die zur Durchführung des Luftverkehrs gegeben wurden. Nicht darin enthalten sind die Mittel, die von allen Staaten unmittelbar zur Verbesserung der Bodenorganisation und der Flugsicherung aufgewandt wurden. Die Zahlen sind in Tabelle 32 enthalten und in Abb. 30

Tabelle 32. **Staatliche Subventionen für den Luftverkehr in Europa und in den Vereinigten Staaten von Amerika**
(Werte in Millionen RM)

	1927	1928	1929	1930	1931	1932	1933
1	2	3	4	5	6	7	8
Deutschland	22,0	20,1	19,0	19,0	18,8	17,3	17,3
England	4,8	5,1	6,9	8,3	10,6	11,2	11,2
Frankreich	12,9	18,3	26,8	32,3	32,2	33,6	31,4
Italien	7,6	10,6	16,8	13,5	15,7	15,7	15,7
Holland	0,8	1,5	3,2	3,3	3,5	3,0	2,8
Belgien	0,4	0,5	1,8	2,7	3,3	2,5	1,2
Polen	2,5	2,8	2,1	2,8	2,9	2,3	2,7
Schweden	0,56	0,56	0,56	0,67	0,73	0,73	0,72
Schweiz	0,13	0,21	0,30	0,32	0,37	0,43	0,45
Dänemark	0,28	0,28	0,28	0,28	0,28	0,28	0,28
Europa gesamt[1]	51,97	59,95	77,74	83,17	88,38	87,04	83,75
Vereinigte Staaten von Amerika[2]	2,3	6,8	29,3	39,5	45,3	58,7	56,0

Quelle: Report on the Progress of Civil Aviation 1928—1934.

[1]) Wenn man die kleineren luftverkehrstreibenden europäischen Staaten noch berücksichtigt, so erhöht sich die Gesamtsumme für Europa im Jahr 1930 um 3% und in den Jahren 1931 und 1932 um etwa 8%.
[2]) Die Werte für die Vereinigten Staaten von Amerika stellen die reinen Postsubventionen, d. h. die Differenz zwischen den von der Post den Luftverkehrsgesellschaften garantierten Einnahmen und den Rückeinnahmen aus den Luftpostmarken dar.

bildlich dargestellt. In den meisten europäischen Ländern ist die bis zum Jahre 1929 ansteigende Tendenz der Subventionen in den Jahren der Wirtschaftskrise abgelöst worden durch eine Ruhelage oder durch geringe Senkungen. In den Vereinigten Staaten von Amerika begann diese Entwicklung unter der Wirkung verhältnismäßig hoher Postsubventionen wesentlich später. Erst im Jahr 1933 haben die Vereinigten Staaten von Amerika die stetige Zunahme der Subventionen beendet und mit einem Abbau begonnen.

Die Größe der Subventionen in einer Zeit, in der in allen Ländern auf fast allen Gebieten der Verwaltung die stärksten Einsparungen gemacht wurden, kennzeichnet den starken Willen zum Luftverkehr. Jede große Nation und jeder mächtige Staat war sich der Aufgabe bewußt, Luftverkehrspolitik im Rahmen der gesamten Verkehrspolitik zu treiben, um dem Luftverkehr die Unterstützungen zu geben, die ihm wie jedem anderen in der Entwicklung stehenden Verkehrsmittel zukommen. Die Staaten haben das Gebot der Stunde durchaus erkannt und nicht unter dem bösen Schatten wirtschaftlicher Rückschläge die große Idee vergessen, dem Luftverkehr als länder- und völkerverbindendes Verkehrsmittel die Wege zu seinem Aufbau zu ebnen.

Andererseits ergab sich nun aus der vorwiegend nachlassenden Tendenz der Subventionen in den Krisenjahren die **Notwendigkeit für die Luftverkehrsgesellschaften, durch eigene Maßnahmen**, wie wirtschaftliche Verbesserungen ihres Betriebes oder Steigerung der Einnahmen, ihre Geschäftslage möglichst günstig zu gestalten. Die Luftverkehrsgesellschaften erfuhren in den wirtschaftlich schwierigen Jahren nicht nur keine Entlastung durch Subventionen, sondern sie sahen sich angesichts der ungünstigen Lage der allgemeinen Wirtschaft vor die Frage gestellt, sich immer mehr auf eigene wirtschaftliche Füße zu stellen. In dieser Beziehung haben die Konjunkturschwankungen der Jahre 1927—1933 eine sehr heilsame Wirkung im Luftverkehr aller europäischen Länder ausgeübt. **Aus der finanziellen Not der Staaten wurde eine Tugend für das wirtschaftliche Arbeiten der Luftverkehrsgesellschaften.**

Mit welchem Erfolg den europäischen Luftverkehrsgesellschaften die notwendige Umstellung auf Selbsthilfe gelang, zeigt eine Untersuchung des **Verhältnisses zwischen den Verkehrseinnahmen und Subventionen** für den Flug-km und geleistete tkm sowie die **Entwicklung der Selbstkosten** im Luftverkehr. Für die beiden Länder Deutschland und Frankreich sind in Tabelle 33 und in den Abb. 31 und 32 die auf einen Flug-km bzw. geleisteten tkm entfallenden Subventionen und Verkehrseinnahmen dargestellt. Der Stetigkeit der Einnahmen steht ein Fallen der Subventionen gegenüber, was sich ohne weiteres erklärt aus den wenig geänderten Tarifen und der mehr oder weniger großen Senkung der Subventionen bei geringer Zunahme der Betriebs- und Verkehrsleistungen. Bei

Tabelle 33. **Entwicklungsrichtung der Subventionen im Luftverkehr**

Land	Jahr	Verkehrs-einnahmen in RM 1000	Subvention in RM 1000	Einnahmen je Flug-km RM	Subvention je Flug-km RM	Einnahmen je tkm RM	Subvention je tkm RM	Gesamteinnahmen	
								Verkehrs-einnahmen %	Subventionen %
1	2	3	4	5	6	7	8	9	10
Deutschland	1927	6009	24031	0,65	2,60	2,14	8,60	19,9	80,1
	1928	6333	23673	0,60	2,25	2,17	8,13	21,2	78,8
	1929	6672	22450	0,67	2,26	2,60	8,74	23,0	77,0
	1930	6615	17839	0,65	1,74	2,58	6,95	27,2	72,8
	1931	6537	17860	0,66	1,82	2,38	6,50	26,8	73,2
	1932	6083	15130	0,66	1,64	2,09	5,21	28,6	71,4
	1933	9348	17311	0,86	1,61	2,67	4,95	35,1	64,9
Frankreich	1927	3130	12900	0,52	2,14	2,55	10 45	19,6	80,4
	1928	4120	18300	0,57	2,51	2,42	10,72	18,4	81,6
	1929	7080	26800	0,75	2,84	3,22	12,20	20,9	79,1
	1930	6920	32300	0,75	3,52	2,83	13,20	17,7	82,3
	1931	7560	32300	0,82	3,49	2,83	12,00	19,1	80,9
	1932	7560	33600	0,83	3,67	2,73	12,13	18,4	81,4
	1933	8300	31400	0,83	3,25	2,21	11,80	15,8	84,2

Anmerkung: Die Werte für Deutschland in Spalte 4 enthalten für die Jahre 1927—1929 die staatlichen und kommunalen Zuschüsse; ab 1930 sind die kommunalen Zuschüsse weggefallen.

VI. Die Wirtschaftlichkeit im Luftverkehr in den Jahren 1927—1933

gleichen Selbstkosten im Jahr 1929 und den folgenden Jahren für den Flug-km oder den geleisteten tkm hätte diese Entwicklung den Luftverkehrsgesellschaften starke Verluste gebracht, wenn sie nicht durch Sanierung ihres Betriebsapparats wesentliche Einsparungen gemacht hätten.

Das ist den Luftverkehrsgesellschaften in der Tat gelungen, wie die Tabelle 34 über die Entwicklung der Selbstkosten im planmäßigen Luftverkehr für das angebotene tkm zeigt. Unter Selbstkosten sind hier die Ausgaben zu verstehen, die den Luftverkehrsgesellschaften in ihrem Geschäftsbereich entstehen. Sie stellen also partielle Selbstkosten dar und enthalten beispielsweise nicht die Selbstkosten der Bodenorganisation und der Flugsicherung, die von dritter Seite, und zwar vorwiegend von der öffentlichen Hand kostenlos zur Verfügung gestellt werden.

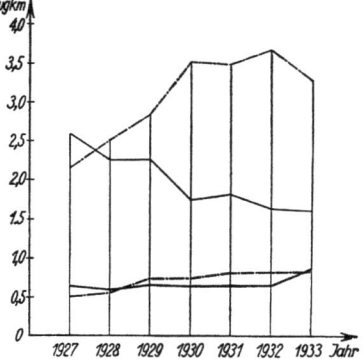

Abb. 31. Entwicklungsrichtung der Verkehrseinnahmen und staatlichen Subventionen im Luftverkehr je Flug-km in Deutschland und Frankreich in den Jahren 1927—1933.

——— Verkehrseinnahmen ⎫ Deutsch-
——— Subventionen   ⎭ land.
—·— Verkehrseinnahmen ⎫ Frank-
—·— Subventionen   ⎭ reich.

Mit dem Beginn der Wirtschaftskrise oder mit dem Jahr 1930 setzt ein stetiges Fallen der Selbstkosten je angebotenes tkm ein. Es erreicht im Jahr 1932 das beachtliche Ausmaß von 25% und ist fast durchweg gleichmäßig bei allen untersuchten Luftverkehrsgesellschaften, trotzdem bei diesen die verschiedenartigsten betrieblichen und verkehrlichen Verhältnisse vorliegen. Die Mittel und Wege, die zu diesem zweifellos für die Zukunft des Luftverkehrs bedeutungsvollen Erfolg führten, sind bereits behandelt worden. Sie bestanden im wesentlichen in einer besseren Ausnützung des Flugzeugparks und -personals, in der Verwendung besserer Maschinen, wodurch die Abschreibungs- und Unterhaltungsbeträge stark gesenkt werden konnten, und nicht zuletzt in einem sparsamen Verwaltungsapparat, der gegen frühere Jahre wesentlich vereinfacht wurde. Im einzelnen gibt hierüber Tabelle 35 Aufschluß.

In Tabelle 35 ist die Analyse der Selbstkosten je angebotenes tkm-Nutzladefähigkeit auf Grund der Ergebnisse des praktischen Luftverkehrs im Jahr 1929 und 1933 für die gleichen charakteristischen Luftverkehrsgesellschaften in Europa und den Vereinigten Staaten von Amerika sowie an Hand der laufenden Untersuchungen des Instituts auf diesem Gebiet einander gegenübergestellt. Aus diesen Zahlen ist die Analyse der Selbstkosten bei höherer betrieblicher Ausnutzung der Flugzeuge, als sie im Jahr 1933 vorliegt, abgeleitet, um die Entwicklung und Senkung der Selbstkosten größenordnungsmäßig zu erhalten, die bei weiterem wirtschaftlichen Ausbau des Luftverkehrsbetriebs in Zukunft zu erwarten sind. Die in der

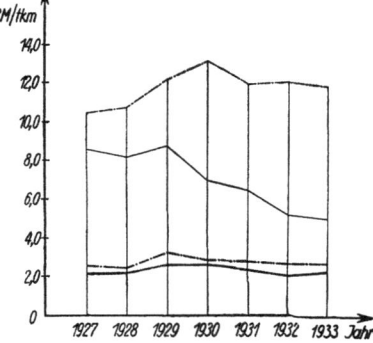

Abb. 32. Entwicklungsrichtung der Verkehrseinnahmen und Subventionen im Luftverkehr je geleistetes tkm in Deutschland und Frankreich in den Jahren 1927—1933.

——— Verkehrseinnahmen ⎫ Deutsch-
——— Subventionen   ⎭ land.
—·— Verkehrseinnahmen ⎫ Frank-
—·— Subventionen   ⎭ reich.

Tabelle 34. **Entwicklungsrichtung der Selbstkosten im planmäßigen Luftverkehr**
(Selbstkosten je angebotenes Nutz-tkm: 1929 = 100)

Betriebsjahr	Gesellschaft mit vorwiegend Seekontinentalnetz	Gesellschaft mit vorwiegend Landkontinentalnetz	Gesellschaften mit Land- und Seekontinentalnetz		Gesellschaft mit Transkontinentalnetz
1	2	3	4	5	6
1927	84,5	—	116,8	—	160,5
1928	82,5	—	109,6	—	146,5
1929	100,0	100,0	100,0	100,0	100,0
1930	84,5	83,4	100,7	105,7	113,1
1931	82,2	81,5	95,0	89,0	94,2
1932	63,0	76,2	78,0	84,2	75,5
1933	58,4	—	67,2	62,7	71,6

Tabelle 35. Analyse der Selbstkosten je angebotenes tkm Nutzladefähigkeit in Europa und U.S.A. in den Jahren 1929 und 1933 und ihre Gestaltung bei höherer betrieblicher Ausnützung der Flugzeuge

Kostenarten	Die Selbstkosten betragen bei einer im Jahre 1929 im prakt. Betrieb vorhandenen Ausnützung eines Flugzeuges von				Die Selbstkosten betragen bei einer im Jahre 1933 im prakt. Betrieb vorhandenen Ausnützung eines Flugzeuges von				Die Selbstkosten der 1933 im prakt. Betrieb vorh. Ausnützung eines Flugzeuges auf das Doppelte, also auf			
	320 Flugstd./Jahr in Europa		430 Flugstd./Jahr in U.S.A.		360 Flugstd./Jahr in Europa		720 Flugstd./Jahr in U.S.A.		720 Flugstd./Jahr in Europa		1440 Flugstd./Jahr in U.S.A.	
	RM/tkm	%	RM/tkm	%	RM/tkm	%	RM/tkm	%	RM/tkm	%	RM/tkm	%
1	2	3	4	5	6	7	8	9	10	11	12	13
I. Veränderliche Kosten												
1. Betriebsstoffe	0,58	12,1	0,26	6,3	0,55	14,8	0,25	7,8	0,55	21,3	0,25	11,9
2. Unterhaltung des Flugmaterials	0,62	13,0	0,73	17,7	0,35	9,4	0,30	9,4	0,35	13,5	0,30	14,2
3. Abschreibung der Motoren	0,37	7,7	0,26	6,3	0,24	6,4	0,22	6,9	0,24	9,3	0,22	10,4
4. Zubringerdienst	0,03	0,6	0,04	1,0	0,04	1,1	0,02	0,6	0,04	1,6	0,02	1,0
5. Start- und Landegebühren	0,04	0,8	0,08	1,9	0,04	1,1	—[1]	—	0,04	1,6	—[1]	—
6. Fluggelder	0,26	5,4	0,24	5,8	0,14	3,8	0,20	6,3	0,14	5,4	0,20	9,5
7. Provisionen	0,04	0,8	0,07	1,7	0,06	1,6	0,04	1,3	0,06	2,3	0,04	1,9
8. Sonstige veränderliche Kosten	0,05	1,0	0,18	4,4	0,02	0,5	0,01	0,3	0,02	0,8	0,01	0,5
Summe der veränderlichen Kosten	1,99	41,4	1,86	45,1	1,44	38,7	1,04	32,6	1,44	55,8	1,04	49,4
II. Feste Kosten												
1. Unterhaltung und Abschreibung der Bodenorganisation (Flughafenanlagen und Streckensicherung)	0,40	8,3	0,25	6,1	0,60	16,1	0,67	21,0	0,30	11,6	0,33	15,7
2. Abschreibung der Flugzeugzellen	0,45	9,4	0,37	9,0	0,26	7,0	0,35	10,9	0,13	5,0	0,18	8,5
3. Versicherungen	0,37	7,7	0,37	9,0	0,29	7,8	0,23	7,2	0,14	5,4	0,11	5,2
4. Funk- und Wetterdienst	0,09	1,9	0,15	3,6	0,08	2,1	0,12	3,8	0,04	1,6	0,06	2,8
5. Flugleitung	0,49	10,4	0,28	6,8	0,33	8,8	0,12	3,8	0,17	6,6	0,06	2,8
6. Gehälter der Piloten und technischen Angestellten	0,35	7,3	0,32	7,8	0,31	8,3	0,30	9,4	0,15	5,8	0,15	7,1
7. Zentralverwaltung	0,54	11,3	0,38	9,2	0,33	8,8	0,28	8,8	0,17	6,6	0,14	6,6
8. Werbekosten	0,11	2,3	0,14	3,4	0,09	2,4	0,08	2,5	0,04	1,6	0,04	1,9
Summe der festen Kosten	2,80	58,6	2,26	54,9	2,29	61,3	2,15	67,4	1,14	44,2	1,07	50,6
Gesamtkosten	4,79	100,0	4,12	100,0	3,73	100,0	3,19	100,0	2,58	100,0	2,11	100,0

[1] Ist in II, 1 enthalten.

VI. Die Wirtschaftlichkeit im Luftverkehr in den Jahren 1927—1933

Tabelle aufgeführten Selbstkosten umfassen die sog. objektiven Selbstkosten, also alle Ausgaben, die der planmäßige Luftverkehr verursacht, ganz unabhängig davon, welche Stelle für die Deckung dieser Ausgaben verantwortlich ist. Es sind demnach in ihr sowohl die von den Luftverkehrsgesellschaften zu deckenden Ausgaben enthalten, wie die Ausgaben, die vorwiegend die öffentliche Hand für die Bodenorganisation und die Flugsicherung übernimmt. Nur in dieser Gesamtschau der objektiven Selbstkosten kann die verkehrswirtschaftliche Bedeutung des Luftverkehrs für die Allgemeinheit richtig beurteilt und erkannt werden.

Betrachten wir die Änderungen der einzelnen Kostenarten in dem Jahr 1929 und 1933, so ist klar zu erkennen, daß bei den veränderlichen Kosten infolge Verwendung besseren Flugmaterials die Kosten für die Unterhaltung und für die Abschreibung wesentlich gesenkt werden konnten. Die Ausgaben für die Fluggelder haben sich auf Grund einer vernünftigen Einschätzung der Verbesserung der Flugsicherung, die in den Krisenjahren besonders stark ausgebaut wurde und die Verantwortung des Flugpersonals erheblich entlasten konnte, abgenommen. Bei den festen Kosten sind die Ausgaben für die Unterhaltung und Abschreibung der Bodenorganisation im Jahr 1933 gegenüber dem Jahr 1929 erheblich gestiegen, da der Ausbau der Bodenorganisation in Gestalt der Flughäfen und Streckenausrüstung im Interesse eines sicheren Flugbetriebs besonders gefördert wurde. Sie schlagen so sehr zu Buch, daß trotz besserer Ausnutzung des Flugzeugparks im Jahr 1933 ihr Anteil an den gesamten Selbstkosten höher liegt als im Jahr 1929. **Die Kosten für die Bodenorganisation sind damit die einzigen, die in der Krisenzeit keine Senkung, sondern im Gegenteil eine Zunahme aufweisen.** Hier kann erst eine noch weitergehende Ausnutzung dieser Anlagen durch verstärkten Flugbetrieb eine Senkung mit sich bringen, wie sie aus den Spalten 10 bis 13 der Tabelle 35 zu ersehen ist. Die Abschreibung der Flugzeugzellen hat entsprechend dem verwandten besseren Flugmaterial im Jahr 1933 abgenommen. Die Senkung der Ausgaben für die Flugleitung auf den Flughäfen und für die Zentralverwaltung liegt ganz im Sinn der starken Rationalisierung dieser beiden Kostenarten in der Krisenzeit.

Die im Jahre 1933 noch vorliegenden starken Unterschiede in der betrieblichen Ausnutzung des Flugzeugparks in Europa und den Vereinigten Staaten von Amerika sind begründet in der Struktur des europäischen Luftverkehrsnetzes, das mit Rücksicht auf die zahlreichen großen Städte auf verhältnismäßig kleinem Raum wesentlich dichter sein muß, als in dem großen und weniger dicht besiedelten Raum der Vereinigten Staaten von Amerika. Je länger die Fluglinien sein können und je häufiger auf ihnen die Luftverkehrsgelegenheiten zur Befriedigung der Verkehrsbedürfnisse geboten werden müssen, eine um so bessere Ausnutzung des Flugzeugparks ist möglich. In diesem Punkt haben die Vereinigten Staaten von Amerika einen wesentlichen Vorsprung vor Europa. Wir erkennen aber andererseits aus **den verhältnismäßig geringen Unterschieden in den Selbstkosten je angebotenes Nutz-tkm in Europa und den Vereinigten Staaten von Amerika, daß die europäischen Luftverkehrsgesellschaften es verstanden haben, diesen Nachteil durch besonders wirtschaftlichen Betrieb zum Teil auszugleichen.** Eine Verdichtung des Luftverkehrs durch Vermehrung der Verkehrsgelegenheiten wird diesen Unterschied, wie aus den Spalten 10—13 der Tabelle 35 zu ersehen ist, noch weiter verringern können. In diesen Spalten ist ermittelt, wie bei Verdopplung der Ausnutzung der Flugzeuge gegenüber 1933 die Kostenarten im einzelnen und die gesamten Selbstkosten weiter gesenkt werden können.

Auf Grund der Untersuchungen der objektiven Selbstkosten nach Tabelle 35 läßt sich nun die die Allgemeinheit interessierende Frage beantworten, **für welchen Anteil der objektiven Selbstkosten die Luftverkehrsgesellschaften verantwortlich sind und Deckung durch Einnahmen zu suchen haben.** Hierüber gibt Tabelle 36 näheren Aufschluß. In ihr ist für die Jahre 1929, 1933 und spätere Zeit ermittelt, welche Selbstkostenanteile im Luftverkehr je angebotenes Nutz-tkm auf die Luftverkehrsgesellschaften und auf die Allgemeinheit entfallen. Die Kosten, die die Allgemeinheit trägt, sind die in Tabelle 35 angeführten Kostenarten II[1+4] insgesamt und II[5] zur Hälfte gerechnet. Alle übrigen Kostenarten entfallen auf die Luftverkehrsgesellschaften.

Die Ergebnisse der Tabelle 36 zeigen, daß die Luftverkehrsgesellschaften rund 75—80% der objektiven Selbstkosten zu tragen haben, während 20—25% auf die Allgemeinheit entfallen. Da die der Allgemeinheit zufallenden Kosten feste Kosten sind, so wird mit der Zunahme des Luftverkehrs

Tabelle 36. **Anteile der Luftverkehrsgesellschaften und der Allgemeinheit an den Selbstkosten im Luftverkehr in Europa und U.S.A. in den Jahren 1929 und 1933**

Die Selbstkostenanteile betragen	1929		1933		Bei einer Steigerung der 1933 vorhandenen Ausnützung d. Flugzeuge auf das Doppelte	
	Europa %	U.S.A. %	Europa %	U.S.A. %	Europa %	U.S.A. %
1	2	3	4	5	6	7
Für die Luftverkehrsgesellschaften	85	87	77	73	83	80
Für die Allgemeinheit	15	13	23	27	17	20

ihr Anteil abnehmen, wie aus den Spalten 6 und 7 der Tabelle 36 zu entnehmen ist. Die stärkere Zunahme des Anteils der Allgemeinheit im Jahr 1933 gegenüber 1929 ist auf die bereits erwähnte starke Steigerung der Ausgaben für die Bodenorganisation während der Krisenzeit zurückzuführen, die ausschließlich zu Lasten der Allgemeinheit geht. An dieser Stelle ist naturgemäß noch besonders darauf hinzuweisen, daß die 75—80% der gesamten Selbstkosten, die von den Luftverkehrsgesellschaften zu tragen sind, nur zum geringeren Teil durch unmittelbare Verkehrseinnahmen gedeckt wurden, während der größere Teil in Gestalt von besonderen Verkehrssubventionen von der Allgemeinheit noch zu übernehmen war.

In Tabelle 34 war die Senkung der partiellen Selbstkosten, die die Luftverkehrsgesellschaften zu verantworten und zu tragen haben, um durchschnittlich 25% im Jahre 1932 und um durchschnittlich 35% im Jahr 1933 im Vergleich zum Jahr 1929 festgestellt worden. Unter Auswertung der Selbstkostenanalyse in Tabelle 35 ergibt sich, daß die Kosten, die die Luftverkehrsgesellschaften zu tragen haben, sich in Europa in der Zeit von 1929 auf 1933 um 29% gesenkt haben. Hierin liegt eine wertvolle Gegenkontrolle für die in der Tabelle 34 gegebenen Zahlen durch die auf anderem Wege aufgestellte Kostenanalyse für die objektiven Selbstkosten. Sie bestätigt den Erfolg der Luftverkehrsgesellschaften in der Krisenzeit, die Betriebsführung nach den Grundsätzen möglichster Wirtschaftlichkeit zu gestalten.

Wir haben bereits gesehen, daß die Länderverwaltungen dem Luftverkehr bei ihren Bestrebungen, ihren Betrieb zu verbessern und wirtschaftlich zu gestalten, noch in gewisser Weise durch ständige Verbesserung der Bodenorganisation und der Flugsicherung entgegenkamen. In welchem Maße dies in dem Zeitraum 1927—1933 erfolgte, dazu gibt die Tabelle 37 über das Anlagekapital für die Bodenorganisation im planmäßigen Luftverkehr einen gewissen Anhalt. Wir erkennen aus der

Tabelle 37. **Anlagekapital im planmäßigen und außerplanmäßigen Luftverkehr**

Land	Jahr	Anlagekapital im planmäßigen Luftverkehr		Anlagekapital im außerplanmäßigen Luftverkehr		Gesamtanlagekapital im Luftverkehr
		Flugzeugpark Mill. RM	Bodenorganisation Mill. RM	Flugzeugpark Mill. RM	Bodenorganisation Mill. RM	Mill. RM
1	2	3	4	5	6	7
Deutschland	1927	20,5	94,5	10,0	—	125
	1932	27	161	29	0,2	217,2
England	1927	5	12,5	8,7	1	27,2
	1932	12,5	54,0	28	7	101,5
Frankreich	1927	20,0	18,0	15,0	0,5	53,5
	1932	39,0	55,0	40,0	0,8	134,8
Vereinigte Staaten von Amerika	1927	7,7	445,0	78,5	—	531,0
	1932	36,6	1044,0	310,0	—	1400,0

Anmerkung: In den Werten für den planmäßigen Verkehr sind alle planmäßig eingesetzten Flugzeuge, die gesamten Flughäfen, ausgenommen die Privatlandeplätze sowie das gesamte Sicherungswesen erfaßt, während im außerplanmäßigen Verkehr die sonstigen Luftfahrzeuge und Privatlandeplätze erfaßt sind.

VI. Die Wirtschaftlichkeit im Luftverkehr in den Jahren 1927—1933

Tabelle die verhältnismäßig großen Aufwendungen der Staaten zur Verbesserung des Luftwegs, aus der der Luftverkehrsbetrieb mittelbare Vorteile für die sichere Durchführung des Luftverkehrs und damit auch für seine wirtschaftlichen Erfolge ziehen konnte. Diese finanzielle Entlastung in der Ausgestaltung des Luftwegs durch die öffentliche Hand war für die Luftverkehrsgesellschaften um so wertvoller, als für die Erneuerung und Erhöhung der Leistungsfähigkeit des Flugzeugparks die Beschaffungskosten für die Flugzeuge sich in den Krisenjahren wesentlich erhöhten. Wie Tabelle 38

Tabelle 38. **Charakteristik der Luftfahrzeugkosten bezogen auf Leistung und Nutzladefähigkeit**

Baujahr	Baumuster	PS	Fluggewicht kg	Zuladung kg	Nutzladefähigkeit bei 800 km Reichweite kg	Fluggewicht / Zuladung	Fluggewicht / Nutzlast	Höchstgeschwindigkeit km/h	Reisegeschwindigkeit km/h	Angebotene Nutz-tkm je Flugstunde	Beschaffungspreis des Flugzeuges RM	Beschaffungskosten je angebot. Nutz-tkm/h RM
1	2	3	4	5	6	7	8	9	10	11	12	13
1927	Focke Wulf A 17a „Möve"	480	4000	1550	950	2,6	4,2	200	160	152	110000	725
1927	Junkers „F 13"	310	3000	1240	740	2,4	4,1	185	148	110	82000	745
1927	Junkers „G 24"	930	7200	2870	1530	2,5	4,7	200	160	245	216000	880
1930	Lockheed „Vega"	450	2150	970	570	2,2	3,8	290	232	132	80000	605
1931	Lockheed „Orion"	550	2450	820	420	3,0	5,8	358	287	120	105000	875
1932	Junkers „Ju 52"	1650	9200	2900	1600	3,2	5,8	277	222	355	325000	915
1933	Boeing „247"	1200	5740	1940	1100	3,0	5,2	291	233	256	280000	1090
1933	Douglas „DC-1"	1400	7900	2550	1550	3,1	5,1	330	264	410	420000	1025
1933	Heinkel „He 70"	660	3370	1010	480	3,3	7,0	377	302	145	—	—

Quelle: Taschenbuch der Luftflotten 1928, 1931. — Interavia 1933 Nr. 47.

zeigt, ist ein Absinken der Beschaffungskosten für die Flugzeuge je angebotenes Nutz-tkm/h in keiner Weise festzustellen. Die Herstellung von Flugzeugen mit möglichst hoher Geschwindigkeit und Lebensdauer brachte eine ständige Steigerung der Einheitspreise mit sich, für die die Luftverkehrsgesellschaften das nötige Anlagekapital aufzubringen hatten, wenn sie ihren Betriebsapparat auf fortschrittlicher Höhe halten wollten. Die Wirtschaftskrise hat es nicht vermocht, sie in diesem Willen zum Erfolg zu beeinträchtigen. Wir haben im Gegenteil bereits festgestellt, daß die Krise die Leiter der Luftverkehrsgesellschaften zu besonderen Anstrengungen auf Verbesserung ihrer Betriebs- und Verkehrsleistungen veranlaßte.

Sehen wir aus der Selbstkostenanalyse den Erfolg der Bemühungen der Luftverkehrsgesellschaften von der Ausgabenseite her, ihren Betrieb wirtschaftlich zu gestalten, so kann uns die Entwicklung der Verkehrseinnahmen ein Bild darüber geben, wie es von der Einnahmenseite her den Luftverkehrsgesellschaften gelungen ist, die Benutzung des Luftwegs anzuregen. In Tabelle 39 sind die Verkehrseinnahmen, naturgemäß ohne Subventionen, im planmäßigen Luftverkehr je geleisteten tkm für einige charakteristische Luftverkehrsgesellschaften ermittelt worden. Trotzdem die Tarife, wie wir gesehen haben, in den Jahren 1927—1933 mehr oder weniger gesenkt wurden, sind die **Verkehrseinnahmen je tkm in der Hauptsache um 25—30% gestiegen.** Ein Nachlassen gegenüber 1927 ist bei keiner Gesellschaft festzustellen. Der Wille zum Luftverkehr hat auch nach diesem Kriterium in der Krisenzeit eher zugenommen als abgenommen. Die Luftverkehrsgesellschaften können in der Zunahme der Einnahmen je tkm den Erfolg ihrer Bemühungen auf wirtschaftliche Gestaltung des Flugplans und der Einrichtung und Aufrechterhaltung wirklich wertvoller Verkehrslinien daher auch von der Einnahmenseite ableiten. In den Zahlen der Tabelle 39 tritt uns der in **Geld ausgedrückte wahre Zusammenhang zwischen Konjunktur und Luftverkehr** vor Augen, der die geringe Krisenempfindlichkeit des Luftverkehrs bei Konjunkturschwankungen der Wirtschaft erkennen läßt.

Die Analyse der Verkehrseinnahmen aus den verschiedenen Verkehrsgattungen: Personen, Übergepäck, Fracht und Post zeigt nach Tabelle 39 den verhältnismäßig hohen Anteil der Einnahmen aus dem Personenverkehr, der durchweg mehr als die Hälfte der Gesamteinnahmen ausmacht. Auf der anderen Seite hat dieser Einnahmenanteil in den Jahren 1927—1933 stetig zugunsten der Erhöhung

Tabelle 39. **Verkehrseinnahmen im planmäßigen Luftverkehr nach Personen-, Fracht- und Postverkehr für charakteristische Unternehmungen in Europa und Amerika**

Charakteristik der Luftverkehrsgesellschaft	Jahr	Verkehrseinnahmen insges. 1927 = 100	je angeb. tkm RM	Verkehrseinnahmen aus Beförderung von							
				Personen		Übergepäck		Fracht		Post	
				insges. %	je tkm RM	insges. %	je tkm RM	insges. %	je tkm RM	insges. %	je tkm RM
1	2	3	4	5	6	7	8	9	10	11	12
A. Europa											
1. Vorwiegend Landkontinentalnetz mit Transkontinentalverkehr .	1927[1])	100	0,88	70,8	1,60	1,6	—	0,54	2,18	21,2	—
	1930	121	0,92	41,8	1,49	1,7	0,46	16,3	1,57	42,2	14,7
	1932	125	1,24	53,5	1,67	2,5	0,54	19,0	2,26	25,0	10,95
2. Vorwiegend Landkontinentalnetz ohne Transkontinentalverkehr . .	1927	100	—	61,5	—	1,7	—	2,8	—	34,0	—
	1930	214	0,67	54,0	—	1,9	—	5,6	—	38,5	—
	1932	240	0,94	50,8	1,56	1,5	—	5,9	—	41,8	—
3. Vorwiegend Seekontinentalnetz	1927[2])	100	2,07	77,7	—	1,7	—	8,6	—	12,0	—
	1930[2])	131	2,46	56,3	5,05	1,0	—	5,3	1,25	37,4	11,35
	1932[2])	182	2,08	45,5	3,00	1,5	—	4,6	1,12	48,4	18,05
B. Nordamerika											
Vereinigte Staaten von Amerika (sämtliche Gesellschaften)	1933	—	—	56,5	1,6	—	—	2,9	0,69	40,6	6,63
C. Südamerika	1933	—	—	53,0	—	—	—	4,0	—	43,0	—

[1]) Bei den Verkehrseinnahmen aus Fracht je tkm sind die Verkehrseinnahmen aus Übergepäck und Post enthalten.
[2]) Bei den Verkehrseinnahmen aus Fracht je tkm sind die Verkehrseinnahmen aus Übergepäck enthalten.

des Einnahmenanteils aus Post und Fracht abgenommen. Die verhältnismäßig hohen Verkehrseinnahmen im europäischen Seekontinentalnetz der Tabelle erklären sich in der Hauptsache aus der guten Ausnutzung der Nutzladefähigkeit durch zahlende Last, die um 80—90% besser war als bei den übrigen in der Tabelle für Europa angeführten Gesellschaften.

VII. Schlußfolgerungen

Die Untersuchungen über die Zusammenhänge zwischen Konjunktur und Luftverkehr gruppierten sich um zwei Komponenten. Erstens um die Bedürfnisse von Wirtschaft, Staat und Kultur nach Benutzung des Luftwegs, also die Nachfrage im Luftverkehr, und zweitens um die Mittel und Wege zur Verbesserung der Sicherheit, Leistungsfähigkeit und Wirtschaftlichkeit im Luftverkehr, die in Gestalt des Angebots der Verkehrsleistungen von den Luftverkehrsgesellschaften zu vertreten sind. Das Zusammenspiel dieser beiden Komponenten findet seinen praktischen Ausdruck in den Verkehrsleistungen im Luftverkehr während des untersuchten Zeitraums der Jahre 1927—1933. Diese Zeitperiode zeigt Auf- und Abwärtsbewegungen des Wirtschaftslebens im Bereich der Volkswirtschaften und der Weltwirtschaft, wie sie seit Jahrzehnten auch nicht annähernd zu verzeichnen waren.

Dem gewaltigen mengenmäßigen Rückgang in Produktion und Handel in den Jahren 1927—1933 folgte ein fast gleicher Rückgang des Verkehrsumfangs bei den Hauptverkehrsmitteln des Land- und Seeverkehrs, bei denen sich wie in einem Brennpunkt alle von der Wirtschaftskrise heraufbeschworenen Probleme der Verkehrswirtschaft konzentrierten. Im Gegensatz hierzu weist der Luftverkehr aller Länder in seiner auf den Strecken-km Luftlinie entfallenden Verkehrsmenge nicht nur keinen Rückgang, sondern eine stetige Zunahme vor allem im Personen- und Frachtverkehr während der Wirtschaftskrise auf. Wenn wir hierzu nun weiter aus der Geschichte der Verkehrswirtschaft feststellen, daß die übrigen Hauptverkehrsmittel auch in ihrer ersten Entwicklungszeit bei rückläufiger Konjunktur der Wirtschaft in ihren Verkehrsleistungen entsprechend starke Rückgänge zu verzeichnen hatten, so wird das völlig andere

VII. Schlußfolgerungen

Verhalten des Luftverkehrs nicht mit dem Hinweis abgetan werden können, daß es sich um ein neues Verkehrsmittel handelt, das einer systematischen Beurteilung in bezug auf seine Abhängigkeit von den Konjunkturschwankungen nicht unterworfen werden kann. **Die grundsätzlich andere Reaktion des Luftverkehrs auf die Schwankungen der Wirtschaft verpflichtet geradezu die Verkehrswissenschaft, den Ursachen dieser Erscheinungen nachzugehen.** Auch wäre es angesichts der auffallenden Sonderentwicklung des Luftverkehrs in der verflossenen Krisenzeit verfehlt, eine derartige Untersuchung zurückzustellen, um noch weitere Wirtschaftskrisen, denen der Luftverkehr in Zukunft noch ausgesetzt ist, abzuwarten und dann erst die Abhängigkeiten zwischen Konjunktur und Luftverkehr festzustellen. Dieser Standpunkt verpflichtet allerdings zu besonderer Gründlichkeit in der Methode der Untersuchungen nach den obenerwähnten zwei Komponenten und **zur Vorsicht in den Schlußfolgerungen und ihrer Verallgemeinerung für die Zukunft.**

Wir müssen selbst bei weitgehender Berücksichtigung aller Faktoren, die unabhängig und unbeeinflußbar von der Konjunktur aus sich heraus die Verkehrsbedürfnisse im Luftverkehr anzuregen vermögen, feststellen, daß die günstige Verkehrslage im Luftverkehr **keineswegs allein erklärt** werden kann durch gewisse Verbesserungen des technischen Apparats und der Betriebsorganisation und damit etwa durch **die Steigerung der Güte im Angebot der Verkehrsleistungen.** Sowohl in bezug auf die Sicherheit als auch auf die Geschwindigkeit der Flugzeuge hat sich bis zum Jahre 1933 in der Krisenzeit eine günstige Wendung gegenüber der Zeit wirtschaftlicher Hochlage im Jahre 1929 in wirksamer Weise nicht durchsetzen können. Sie trat vor allem in bezug auf die Geschwindigkeit erst in den nachfolgenden Jahren ein. Nur durch eine zweckmäßige Flugplangestaltung im Tag- und Nachtverkehr, die in erster Linie dem Transport auf große Entfernungen zustatten kam, wurden betriebliche Verbesserungen erzielt, die in der Krisenzeit den Anreiz zur Benutzung des Luftwegs bis zu einem gewissen Grade zu steigern vermochten. Dieser Anreiz wurde jedoch zum Teil wieder ausgeglichen durch eine Tarifentwicklung im Luftverkehr, die das Wettbewerbsverhältnis zwischen Luftverkehr und den schnellsten Landverkehrsmitteln zuungunsten des Luftverkehrs verlagerte. Auch die zunehmende **Gewöhnung an den Luftverkehr** als neues Verkehrsmittel vermag die günstige Lage des Luftverkehrs in der Krisenzeit der Wirtschaft nicht in genügendem Maße zu begründen. **Es müssen demnach noch andere Kräfte wirksam gewesen sein, die die geringe Krisenempfindlichkeit des Luftverkehrs erklären.**

Die grundsätzliche verkehrswirtschaftliche Charakteristik des Luftverkehrs läßt sich immer wieder auf den einfachen Nenner bringen, daß seine hochwertigen Verkehrsleistungen in der Schnelligkeit der Beförderung durch verhältnismäßig hohe Transportkosten erkauft werden müssen. Daraus ließe sich die Schlußfolgerung ziehen, daß in Zeiten zunehmenden Reichtums der Völker der Luftverkehr besonders günstig abschneiden muß, dagegen in Zeiten starken Rückgangs dieses Reichtums, wie wir ihn in der Zeit von 1929—1933 feststellen mußten, die Möglichkeiten und die Nachfrage nach dem Luftverkehr sich dem Nullpunkt nähern. Die Untersuchungen haben gezeigt, daß dieses Zusammenspiel durchaus nicht eingetreten ist und daß im **Gegenteil der Luftverkehr trotz starker Schrumpfung der Wohlstandsbildung und trotz nur geringfügiger Verbesserungen in dem Angebot der Verkehrsleistungen sich, wenn auch in langsamerem Fortschritt, nach aufwärts entwickelte. Es müssen demnach starke irrationale Kräfte wirksam gewesen sein,** die den Luftverkehr nicht absinken ließen in dem Maße, in dem der Reichtum der Völker nachließ und in dem die anderen Verkehrsmittel starke Einbußen ihres Verkehrs zu tragen hatten.

Hierzu gibt ein Ausspruch des großen deutschen Volkswirts, Friedrich List, vielleicht die zutreffende Erklärung: „Die Kraft, Reichtümer zu schaffen, ist unendlich wichtiger als der Reichtum selbst. Sie verbürgt nicht nur den Besitz und die Vermehrung des Erworbenen, sondern auch den Ersatz des Verlorenen." **In der Dynamik der Wohlstandsbildung, die von der Lebenskraft eines jeden Volkes bestimmt wird, ist der Luftverkehr ein Mittel, das vom Lebenswillen der Völker besonders dann eingesetzt wird, wenn die wirtschaftsschöpferischen Kräfte sich loslösen von den Bindungen und Hemmungen, die jede Wirtschaftkrise mit sich bringt.**

Das Bild des Außenhandels der verschiedenen Volkswirtschaften war in den Jahren 1929—1933 aufs stärkste gestört, unharmonisch und unbefriedigend für alle Länder. Alle Bemühungen, hierin Wandel zum Besseren zu schaffen, mußten sich nicht zum wenigsten stützen auf die völkerverbindenden Möglichkeiten, die der Luftverkehr mit seiner schnellen Raumüberwindung für ein harmonisches Zusammenwirken der Wirtschaftsfaktoren der verschiedenen Länder bietet. So konnte der Luftverkehr als eine lebendige Brücke zur Wiederherstellung einer gesunden Weltwirtschaft angesehen werden und hieraus besonderen Nutzen für seine weitere Entwicklung ziehen. Seine Arbeit konnte um so wertvoller werden, als die Wirtschaftskrise infolge eines besonderen Störungsfaktors, der im Raum der internationalen Politik lag, über die normalen, rein wirtschaftlich bedingten Schwankungen einer Konjunktur weit hinausging. Hier liegt allgemein die entscheidende Ursache für das große Mißverhältnis in der Gleichung Luftverkehr = Außenhandel, das wir im Laufe der Untersuchungen feststellen konnten, und das dadurch charakterisiert ist, daß der Luftverkehr dem starken Abstieg im Außenhandel seinerseits einen Aufstieg gegenüberstellte. Man ist fast geneigt und berechtigt, zu sagen, der Luftverkehr verhält sich umgekehrt wie der Außenhandel, wenn dieser stärkeren wirtschaftlichen Hemmungen unterworfen ist. Er konnte sich, was im Rahmen der gesamten Verkehrswirtschaft wichtig ist, hierbei Neuverkehr schaffen, der ohne sein Vorhandensein nicht entstanden wäre und der daher nicht als Abwanderungsverkehr von anderen Verkehrsmitteln, volkswirtschaftlich gesehen, von umstrittenem Wert ist.

Die Krisenzeit der Wirtschaft hat keinen Rückgang im Luftverkehr, sondern lediglich ein Verhalten in seinem Aufstieg gebracht. Eine Zeit der Besinnung und des Sammelns. Wir konnten feststellen, daß diese Zeit von den Luftverkehrsgesellschaften zur wirksamen Durchorganisierung ihres Betriebs und zu erheblichen Senkungen ihrer Selbstkosten genutzt wurde. Die außerordentlich starke Zunahme des Luftverkehrs im Jahre 1934 bis 1935 gibt einen Anhalt dafür, mit welchen Energien der Luftverkehr in die Zeit des wirtschaftlichen Wiederaufstiegs tritt und wie sehr die schwierige Krisenzeit ihm die innere Kraft zu zielbewußtem Fortschritt gegeben hat. So werden wir erst in den weiteren Jahren den vollen Wert der Anstrengungen erkennen können, die die Länder und die Luftverkehrsgesellschaften zum Durchhalten in drangvoller Entwicklungszeit während der Jahre 1929—1933 machten.

Aus den Untersuchungen über Konjunktur und Luftverkehr können wir zwei für die Zukunft und die Wirtschaftlichkeit des Luftverkehrs besonders wichtige Schlüsse ziehen. Der Luftverkehr ist auf Grund seiner besonderen Eigenarten zur schnellen Überwindung auch der größten Raumweiten im Gegensatz zu allen anderen Verkehrsmitteln sehr wenig krisenempfindlich. Er vermag sogar den in Krisenzeiten der Wirtschaft besonders lebendigen Kräften im wirtschaftlichen und politischen Leben eine über die normalen Zeiten hinausgehende wertvolle Hilfe zur Überwindung der Wirtschaftskrise zu geben. Das gibt dem Luftverkehr ganz allgemein eine ideelle und praktische Stärkung für seine weitere Entwicklung. Die Schwierigkeiten, mit denen die Luftverkehrsgesellschaften infolge Nachlassen der finanziellen Unterstützung durch die öffentliche Hand zu kämpfen hatten, zwangen sie zur wirtschaftlichen Ausgestaltung ihres Betriebs. Alle in der Hochkonjunktur der Wirtschaft etwa noch möglichen und geduldeten Überzüchtungen im Betrieb und in der Verwaltung der Luftverkehrsgesellschaften mußten dem Zwang zur Rationalisierung des Luftverkehrs weichen. Die Krisenzeit der Wirtschaft wurde damit zu einem Stahlbad für den Luftverkehr, dessen heilsame Wirkung für immer der Wirtschaftlichkeit im Luftverkehr und damit auch der Allgemeinheit zugute kommen wird.

Literaturübersicht

Adams, Alwin P., Kosten im Luftverkehr aus Aviation Nr. 11, 1934, New York.
Aircraft Yearbook, New York 1930—1934.
Air Commerce Bulletin, Washington.
Appendix to the Cost Ascertainment, Report of the Post Office Department, Washington 1927—1933.
Bonnal, A. F., Dean of the Boing School of Aeronautics Oakland, Calif. Fundamentals of Domestic Airline Economics, 1934.
Bouché, Henri, L'économie du transport aérien en Europe, Genf 1935.
Bulletin de la Navigation aérienne, Paris.
Geschäftsberichte der Deutschen Reichsbahngesellschaft 1927—1933.
Geschäftsberichte der Deutschen Reichspost 1927—1933.
Geschäftsberichte der europäischen Luftverkehrsgesellschaften 1927—1933.
Hirschauer-Dollfus, L'année aéronautique, Paris 1928—1933.
Journal of the Royal Aeronautical Society, London, Mai 1933, Nr. 269.
Nachrichten für Luftfahrer, herausgegeben vom Reichsminister der Luftfahrt.
Report on the Progress of Civil Aviation, London 1928—1934.
Revue aéronautique internationale, Paris.
Schwedisches Verkehrsministerium, Abt. Luftfahrt, Utredning rörande Reguljär Luftfart samt Luftfartsmyndighetens Organisation, Stockholm 1934.
Statistica delle Linee Aeree Civili Italiane, Rom.
Statistisches Jahrbuch des Deutschen Reiches, 1934.
Taschenbuch der Luftflotten von Dr. v. Langsdorff, 1928 und 1931.
Teubert, Dr. Ministerialrat, Berlin, Mitteilungen.
Vierteljahrshefte zur Konjunkturforschung, Sonderheft 22, 1933. Kapitalbildung und Investitionen in der deutschen Volkswirtschaft, von Dr. Kaiser und Dr. Benning.
Vierteljahrshefte zur Konjunkturforschung, Sonderheft 33, 1933. Der Güterverkehr, Entwicklung und Aussichten, von Ministerialrat Dr. Werner Teubert, Potsdam.
Vierteljahrshefte zur Statistik des Deutschen Reiches, 43. Jahrgang 1934, 2. Heft: Der Paketverkehr der Reichspost als Spiegelbild des Geschäftsganges in der Verbrauchsgüterindustrie.

FORSCHUNGSERGEBNISSE
DES VERKEHRSWISSENSCHAFTLICHEN INSTITUTS FÜR LUFTFAHRT
AN DER TECHNISCHEN HOCHSCHULE STUTTGART
HERAUSGEGEBEN VON PROF. DR.-ING. CARL PIRATH

Bisher erschienen:

Heft 1: Die Probleme und das Verkehrsbedürfnis im Luftverkehr. Von Prof. Dr.-Ing. Carl Pirath. 35 Seiten, 12 Abbildungen, 7 Tabellen. Lex.-8°. 1929. Broschiert RM 2.70

Inhalt: Die Luftfahrt und die Verkehrsprobleme der Gegenwart. Verkehrsströme im Luftverkehr.

Heft 2: Gestaltung des Weltluftverkehrsnetzes und seiner Flughafenanlagen. 75 Seiten, 42 Abbildungen, 5 Tabellen. Lex.-8°. 1930. Broschiert RM 4.50

Inhalt: Die Gestaltung des Weltluftverkehrsnetzes nach wirtschaftlichen und betriebstechnischen Gesichtspunkten. Von Prof. Dr.-Ing. Carl Pirath. Die Verkehrsflughäfen als Betriebszellen des Weltluftverkehrsnetzes. Von Prof. Dr.-Ing. Carl Pirath. Die betriebswirtschaftlichen Grundlagen für die Anlage und Ausgestaltung von Verkehrsflughäfen. Von Dr.-Ing. Richard Brandt.

Heft 3: Grundlagen und Stand der Wirtschaftlichkeit im Luftverkehr. 91 Seiten, 9 Abbildungen, 31 Tabellen. Lex.-8°. 1930. Broschiert RM 4.50

Inhalt: Der Stand der Luftverkehrswirtschaft. Von Prof. Dr.-Ing. Carl Pirath. Die vom Standpunkt des Verkehrs an den Bau von Flugzeugen zu stellenden Forderungen. Von Prof. Dr.-Ing. Carl Pirath. Die Selbstkosten im Luftverkehr. Von Regierungsbaumeister Max Jacobshagen. Preisbildung und Subvention im Luftverkehr. Von Prof. Dr.-Ing. Carl Pirath. Der wirtschaftliche Wert von Ersparnissen am Flugzeugleergewicht. Von Dr.-Ing. Fritz Wertenson.

Heft 4: Die Luftverkehrswirtschaft in Europa und in den Vereinigten Staaten von Amerika. Von Prof. Dr.-Ing. Carl Pirath. 105 Seiten, 45 Abb., 35 Tab. Lex.-8°. 1931. Brosch. RM 8.—

Inhalt: Luftverkehrspolitik und Stand des Weltluftverkehrs. Die Luftfahrtwirtschaft der Vereinigten Staaten von Amerika. Die Flughäfen in den Vereinigten Staaten von Amerika in Ausgestaltung und Betrieb.

Heft 5: Die Hochstraßen des Weltluftverkehrs. Von Prof. Dr.-Ing. Carl Pirath. 47 Seiten, 5 Abbildungen, 27 Tabellen. Lex.-8°. 1932. RM 3.20

Inhalt: Ein Gegenwartsproblem des Weltluftverkehrs. Verkehrsaufkommen im transkontinentalen und transozeanen Luftverkehr in den verschiedenen Verkehrsbeziehungen. Betriebstechnischer Einsatz des Flugzeuges oder Luftschiffs in Abhängigkeit von a) der betriebstechnischen Reichweite, b) der Zeitersparnis, c) dem Verkehrsaufkommen. Wirtschaftlicher Einsatz des Flugzeugs oder Luftschiffs in Abhängigkeit von den Selbstkosten der Beförderung. Deckung der Selbstkosten durch Beförderungspreise. Schlußfolgerungen.

Heft 6: Die Grundlagen der Flugsicherung. 116 Seiten, 27 Abb. Lex.-8°. 1933. Brosch. RM 7.—

Inhalt: Die Probleme der Flugsicherung. Von Prof. Dr.-Ing. Carl Pirath. Die Flugsicherung im europäischen Luftverkehr. Von Regierungsbaurat Dr.-Ing. Friedr. Wilh. Petzel. Die Flugsicherung in den Vereinigten Staaten von Amerika. Von Dr.-Ing. Edgar Rössger.

Heft 7: Der private Luftverkehr. 73 Seiten, 21 Abbildungen. Lex.-8°. 1934. Broschiert RM 4.50

Inhalt: Die Entwicklungsgrundlagen des privaten Luftverkehrs. Von Prof. Dr.-Ing. Carl Pirath. Betriebs- und verkehrswirtschaftliche Untersuchung des Sport- und privaten Reiseflugs. Von Dr.-Ing. Helmut Kübler.

Heft 8: Der Schnellverkehr in der Luft und seine Stellung im neuzeitlichen Verkehrswesen. 73 Seiten, 31 Abbildungen. Lex.-8°. 1935. Broschiert RM 4.80

Inhalt: Die allgemeinen Grundlagen des Schnellverkehrs in der Luft. Von Prof. Dr.-Ing. Carl Pirath. Betriebs- und verkehrswirtschaftliche Untersuchungen über den Schnellverkehr in der Luft. Von Dr.-Ing. Herbert Zöllner.

Die Hefte 1—6 sind erschienen bei
R. OLDENBOURG / MÜNCHEN 1 UND BERLIN
Heft 7 und folgende erscheinen bei
**VERKEHRSWISSENSCHAFTLICHE LEHRMITTELGESELLSCHAFT M. B. H.
BEI DER DEUTSCHEN REICHSBAHN / BERLIN W 9**
Zu beziehen durch jede Buchhandlung!

If you have any concerns about our products,
you can contact us on
ProductSafety@springernature.com

In case Publisher is established outside the EU,
the EU authorized representative is:
**Springer Nature Customer Service Center GmbH
Europaplatz 3, 69115 Heidelberg, Germany**

Printed by Libri Plureos GmbH
in Hamburg, Germany